城镇供水系统应对冰冻灾害
技术指南

中国城镇供水排水协会科学技术委员会　组织编写

中国建筑工业出版社

图书在版编目（CIP）数据

城镇供水系统应对冰冻灾害技术指南/中国城镇供水
排水协会科学技术委员会组织编写. —北京：中国建筑
工业出版社，2017.11
ISBN 978-7-112-21504-1

Ⅰ.①城… Ⅱ.①中… Ⅲ.①城市供水系统-冰害-灾
害管理-研究-中国②城市供水系统-冻害-灾害管理-研究-
中国 Ⅳ.①TU991

中国版本图书馆 CIP 数据核字（2017）第 272707 号

本指南由中国城镇供水排水协会科学技术委员会组织编写，依据供水
设施规划、设计、施工、运行、维护、应急管理等方面的规范要求，结合
地域季节气候特征，总结了各地防寒抗冻经验。本指南包括：总则、原水
设施、净水设施、输配水系统、二次供水设施、应急管理、附录，共7章。
本书可供各地供水企业和供水设施管理技术人员参考。

责任编辑：于　莉　田启铭
责任校对：焦　乐

城镇供水系统应对冰冻灾害技术指南
中国城镇供水排水协会科学技术委员会　组织编写

＊

中国建筑工业出版社出版、发行（北京海淀三里河路9号）
各地新华书店、建筑书店经销
北京红光制版公司制版
廊坊市海涛印刷有限公司印刷

＊

开本：850×1168毫米　1/32　印张：4¾　字数：150千字
2017年11月第一版　2017年11月第一次印刷
定价：**36.00**元
ISBN 978-7-112-21504-1
（31170）

前　言

　　受 2008 年雨雪冰冻天气和 2016 年强冷寒流天气的影响，秦岭—淮河以南区域多地供水系统受冰冻灾害，供水设施受冻给生产和居民生活造成一定影响，经济损失严重。为了了解寒潮对不同地区供水设施的影响情况，总结各地区抗冻救灾的经验教训，中国城镇供水排水协会委托科技委、设备委和县镇委联合开展"2016 年寒潮对供水系统影响调查"，最终收集了 12 个省份、176 个水司的问卷调查表，形成调查报告。中国城镇供水排水协会根据问卷调查报告情况，安排科技委组织编写了《城镇供水系统应对冰冻灾害技术指南》（简称《技术指南》）。

　　《技术指南》编写工作由合肥供水集团牵头，深圳市水务（集团）有限公司、哈尔滨工业大学、上海市政工程设计研究总院（集团）有限公司、华衍水务（中国）有限公司、焦作市水务有限公司、绍兴市自来水有限公司、歙县自来水公司、杭州山科智能科技股份有限公司等单位共同参与。2017 年 1 月 10 日，在绍兴组织召开了《技术指南》第一次编写工作会议，确定了《技术指南》编写大纲、分工与计划；2017 年 4 月 19 日，在绍兴组织召开了《技术指南》的第二次编写工作会议，邀请供水行业和出版社专家对稿件编写进行讨论指导，同年 8 月 4 日，在合肥通过专家评审。本《技术指南》是在采纳评审专家组和各参编单位意见的基础上，充分总结各地防寒抗冻经验，借鉴国家与行业对供水设施规划、设计、施工、运行、维护、应急管理等方面的规范要求，结合地域季节气候特征，最终形成本指南。

　　本指南包括：总则、原水设施、净水设施、输配水系统、二次供水设施、应急管理和附录，共 7 章。

　　本指南由中国城镇供水排水协会科学技术委员会负责管理和

技术内容解释。在执行本指南过程中，各地供水企业和供水设施管理单位应结合地域气候特征及各地供水系统建设运行实际状况，注意积累资料和总结经验，及时反馈发现的问题和意见，以供今后修订时参考。

组织单位：中国城镇供水排水协会科学技术委员会

主编单位：合肥供水集团有限公司、深圳市水务（集团）有限公司

参编单位：哈尔滨工业大学

上海市政工程设计研究总院（集团）有限公司

华衍水务（中国）有限公司

绍兴市自来水有限公司

焦作市水务有限公司

歙县自来水公司

杭州山科智能科技股份有限公司

编写人员：张金松　方　振　郭　星　高和气　方道峰

肖　倩　刘丽君　高金良　许嘉炯　张　硕

赵　吉　颜　辉　华　伟　涂轶炜　陈国扬

吴勇军　刘友飞　汪　钧　余　高　季永聪

马　骏　李志友　王大钧　宋　纲　张利民

陶维纲　张　杨　杨志峰　张　浩　王　林

郑毓珮　王广平　肖　健　蒋玉祥　周　清

杨　帆　鞠佳伟

审核人员：刘志琪　邱文心　何维华　陆坤明　唐浩端

卓　雄　姚水根　田启铭

目　　录

1 总　　则

1.1　编制目的

为指导秦岭—淮河以南区域城镇供水系统，做好冰冻灾害的防范和应对工作，提高安全运行和保障能力，特制定本指南。

1.2　适用范围

本指南适用于秦岭—淮河以南区域城镇供水系统，包括原水设施、净水设施、输配水系统和二次供水设施，在应对冰冻灾害时的预防、运行管理和应急处置。

1.3　编制原则

1.3.1　完善标准、有效控制

依据国家标准规范，结合秦岭—淮河以南区域供水系统建设管理现状，完善处置标准，提高防范能力，实现有效控制。

1.3.2　因地制宜、统筹引导

综合地域气候特征及各地供水系统实际状况，因地制宜，引导供水企业和相关单位做好供水设施规划、设计、施工、改造、运行、维护和应急管理等。

1.3.3　预防为主、防治结合

增强风险意识、源头预防，预先完善应对措施；加强应急管理、过程控制，提高预防与处置能力，保障城镇供水系统安全运行。

1.3.4　科学实践、创新总结

总结国内外应对雨雪冰冻灾害的实践经验、理论成果；创新提炼，构建具有广泛指导性的防范和应对体系。

1.3.5　供水企业和供水设施管理单位应结合实际制定供水系统

应对冰冻灾害应急预案，按规定报政府主管部门备案。对指南涉及的原水设施、净水设施、输配水系统、二次供水设施还应编制冰冻专项应急预案。

2 原 水 设 施

2.1 地表水取水构筑物

2.1.1 取水口浮标宜采取限位措施。

2.1.2 构筑物及取水口位置选择时应考虑不受冰凌、冰絮等影响。取水口应设在浮冰较少和不易受冰块撞击位置，不宜设在流冰易堆积的浅滩、沙洲和桥孔上游等区域。

2.1.3 在流冰较多的水源地，取水口宜设在冰水分层河段，不宜设置在冰水混杂地段。

2.1.4 在冬季结冰期间，取水口应有防结冰和防冰凌冲撞措施。

2.1.5 取水构筑物型式应考虑冰冻灾害的冰情，保证安全可靠：

（1）河道主流近岸，河床稳定且较陡，岸边有足够水深，泥沙、漂浮物、冰凌较严重的河段，可采用岸边式取水构筑物；

（2）易受冰冻灾害影响的，可采用斗槽式取水构筑物，以避免冰凌和潜冰影响。

2.1.6 取水构筑物应根据水源情况采取相应保护措施：

（1）可在取水口上游采用导凌措施；

（2）栅条间净距应考虑冰絮影响；

（3）水体封冻情况下，进水孔上缘最小淹没深度和进水孔过栅流速应满足《室外给水设计规范》GB 50013—2006 的规定，否则应采取改造进水孔或破坏冰层等措施；

（4）可在取水口上游采用压缩空气鼓动法、高压水破冰法等措施破坏冰盖。

2.1.7 格栅机械除污、旋转滤网可在冰冻灾害期连续运行。

2.1.8 格栅机械除污、旋转滤网的冲洗管道应设低点排空或采取保温措施，并缩短冲洗间歇以避免管路冻结。

2.1.9 冰凌严重的地区应准备应急破冰设备。

2.1.10 原水构筑物的房屋门窗应检查并配置完好。

2.2 原水管线及附属设施

2.2.1 对于明设的原水管线、室外抽真空管道及电动阀、进排气阀等附属设施，应采取防冻措施。可使用橡塑保温材料、稻草绳外加石灰膏、塑料布及防寒毡等保温材料包扎捆绑。

2.2.2 采用虹吸进水管取水时，应考虑采取水面结冰冰层下水压不足无法进水的处理措施。

2.2.3 冬季来临前，应加强原水管线的巡检工作，确保原水管线安全运行。

3 净水设施

3.1 净水构筑物

3.1.1 根据当地气候条件与建设条件，主要构筑物可考虑设于室内或加盖。

3.1.2 外露构筑物的混凝土抗冻性能应符合《混凝土结构设计规范》GB 50010、《混凝土结构耐久性设计规范》GB/T 50476 的要求。

3.1.3 外露贮水或水处理构筑物应符合《给水排水工程构筑物结构设计规范》GB 50069 规定。

3.1.4 混凝池、沉淀池、滤池结冰时，应依据住房和城乡建设部《城市供水系统防冻抗冻技术措施》要求，将结冰破开，同时调整运行负荷，使池面处于流动状态。也可在池口铺设塑料薄膜来保温，防止池面结冰冻坏混凝土水池。

3.1.5 净水厂内构筑物的房屋门窗应检查并配置完好。

3.1.6 净水厂内的构筑物落水口、雨污管道、检查井、排水明沟应进行全面检查，疏通和清捞，确保排水畅通。

3.1.7 厂区道路、露天台阶和生产设施应采用防滑措施，可提前铺设草垫或麻袋片等防滑材料，在露天的楼梯、平台等易滑部位设提示牌。重要岗位、设施执行双人巡检制度。

3.1.8 室外排气、排泥等设施，应排空积水。

3.1.9 根据当地最低环境温度与生产需要，加药间可采取局部保温、局部加热或室内供暖等措施。

3.1.10 露天水池检测液位时，应加强巡检、保证测量准确。

3.2 净水设备、管道及附属设施

3.2.1 沉淀池排泥机应定期检查，及时清除积雪，确保排泥机正常运行。露天排泥水池、回用水池内安装的刮泥机、搅拌器、水泵等设备应定期进行防冻运行。

3.2.2 电气、自控设备尽可能安装在室内或受雨雪影响较小的场所。室外电气、自控设备应安装在保护箱内，保护箱应满足防雨雪侵入要求，且防护等级不应低于IP65。

3.2.3 在室外供电控制箱内宜配置自动控制的电加热装置，避免断路器、接触器等设备因结露冰冻而无法启动。

3.2.4 室外仪表选型应综合考虑安装地点的极端低温条件，当常规设备无法满足低温环境时应选用宽温型设备，或在保护箱内配置自动控制的电加热设备。

3.2.5 因气温降低导致流量计、压力表等计量表具发生失真时，应及时维修更换，防止影响机组运行安全。

3.2.6 应增加设备巡检频次，检查应急抢修物资、工具，提前做好架空线、地下电缆巡检工作，确保供电主线路、备用线路用电安全。

3.2.7 室外明敷管线及附属设施应充分考虑防冻措施，如包裹防寒毡、包扎草绳外敷石灰膏、局部加热或在管道低点设置排空管等。

3.2.8 小口径管道宜设在密闭管沟中，管沟可根据当地气候条件进行防冻保温设计，井盖与板盖应保持完好，可采用保温型式。条件不具备的水厂，应在盖板上铺设草垫、麻袋片等保温材料，防止沟槽内结冰、管线冻坏。

3.2.9 净水药剂投加管道应有保温措施，同时做到一用一备，管道标识完整、清晰，必要时可实行双管投加，保证双管畅通。

3.2.10 长时间不用的室外水泵等设备应排空积水，防止冻裂。

3.2.11 对室外明敷的水质取样管应采取保温防冻措施，保证常流状态。对安装在室外的压力变送器、引压管应根据室外气候条件，应采取保温防冻措施。

3.2.12 及时清除安防电子围栏积雪，防止电子围栏结冰或积雪，导致围栏负重过大，合金线断裂等现象。

3.2.13 及时清除户外安防摄像头积雪，防止积雪遮挡镜头，造成监控图像模糊。

3.3 净水工艺运行

3.3.1 宜做好净水药剂的储备，有条件的净水厂，保证1~2个月的用量。

3.3.2 处理低温低浊原水时，应根据水质变化情况，适当调整混凝剂和助凝剂的使用，其品种的选择及用量、投加比例、投加顺序和间隔，宜通过试验或参照相似水质条件下的水厂运行经验确定。

3.3.3 低温时，应做好氯瓶室的保温和增温措施。若无在线水质检测设备时，适当增加出厂水检测次数，确保余氯指标合格。

3.3.4 虹吸滤池在反冲洗后，应及时排空虹吸管积水。

4 输配水系统

4.1 市政管网

4.1.1 室外供水管道覆土厚度应满足当地冰冻深度要求。

4.1.2 合理调控供水管网压力，防止压力过高导致爆管，避免管网水流速过低而冻结。必要时可采取管网末梢排放、管道泵强制水循环流动等措施。有条件的，应完善调度信息化建设，实时监测管网水量、水压、水温变化。

4.1.3 室外明敷随桥管、架空管、地上明管及附属设施应根据需要采取防冻保温措施，可使用橡塑保温材料、保温板、稻草绳外加石灰膏、塑料布及防寒毡等保温材料包扎捆绑，背阴处应加厚包扎。

4.1.4 冬季前，应对供水管网及附属设施开展集中检查，及时处置隐患。

4.1.5 持续低温期间，应加强对供水管网及附属设施日常检漏工作，发现问题及时处置。

4.1.6 主要供水管网和末梢供水管段应建立防冻保温管理信息档案，可包括防冻设计标准，保温材料类型、品牌、使用寿命、更换周期等。

4.1.7 对陈旧易漏或可能影响冬季供水安全运行的管网，应制定年度更换或改造计划，并付诸实施。

4.1.8 冻结管线处理措施：可采用局部加热，如温水冲淋、蒸汽等，应防止管道集中过热，造成开裂损坏；或采用电热蒸汽、电伴热等方法。

4.1.9 管道敷设宜采用如球墨铸铁管等抗冻性能较好的管材。

4.2 小区给水管网及附属设施

4.2.1 小区给水管网包含：市政引入管、室外管网、单元引入管、立管、吊管、入户管等。

4.2.2 室外埋地给水管网覆土厚度应满足当地冰冻深度要求。给水明敷管道及附属设施应根据需要采取防冻保温措施，可使用橡塑保温材料、保温板、稻草绳外加石灰膏、塑料布及防寒毡等保温材料包扎捆绑，背阴处应加厚包扎。

4.2.3 冬季前，应对小区管网及附属设施展开集中检查，对存在的隐患集中处置。

4.2.4 持续低温时，冻害风险增加，小区供水设施管理单位应加强管网日常巡检，发现问题及时处置。

4.2.5 广泛做好防冻宣传，增强居民防冻意识。

4.2.6 小区管网或立管末端应增设排空阀，并安装排水管。

4.2.7 老旧小区供水设施改造时，应加强其防冻保温措施。

4.2.8 给水管道及管道井宜避免沿北外墙设置，管道井可与城市供暖井相邻或合并设置，避免设置在与室外寒冷空气直接相通的区域，给水管道不宜敷设于建筑面层内。无法避免时，须采用以下措施：

（1）管道井墙体厚度不能满足保温效果时，应增加相应的保温措施；

（2）管道井内给水立管、入户管、阀门等附属设施采取防冻保温措施；

（3）管道井检修门采用具有内衬保温层的自动关闭式密封防火门且设置密封条。

4.2.9 地下室吊管避免安装在车位正上方、电梯前室处。无法避免时，应采取防护措施。

4.2.10 无需频繁操作或检修的管道、管件可采用固定式保温结构；需频繁操作及检修的法兰、阀门等应采用可拆卸式的保温结构。管道穿越楼层处、外墙面等易冻部位时，保温层应延伸至墙体内部，具体延伸深度应结合当地气温条件制定，并加以封实。

4.2.11 定期维护防冻保温设施，检查保温材料的保温性能，保温层应连续不断，防止保温效果减弱。保护层外壳的接缝必须顺坡搭接，以防雨水、融雪进入，破坏保温效果。对达不到设计要求的，应及时整改。

4.2.12 若气温骤降，管道无法达到保温效果时，可采取夜间停水并排空管道等措施，停水前应做好用户告知工作，并及时恢复供水。恢复供水时应做好管道冲洗排放与水质检测，确保水质合格。

4.2.13 未投入使用的水表入户管应采取排空管道、停水等方式避免冻结损坏。

4.2.14 已冻结的水表入户管，可采用包裹毛巾温水浇洒或电吹风解冻，禁用火烤及沸水浇淋，防止管道开裂损坏。

4.2.15 短时无法修复的立管，可采用安装临时管道、临时取水龙头等措施保证居民基本生活用水，寒潮结束后进行立管恢复改造。

4.2.16 小区管道敷设应采用钢塑复合管等抗冻性能较好的管材。

4.3 水表及附属设施

4.3.1 水表

（1）宜选用耐低温、防冻裂水表。

（2）室内水表可使用玻璃纤维布、棉麻织物、塑料泡沫、草绳等保温材料裹紧防护。长期闲置水表，可关闭水表阀门，排空管道存水。

（3）冬季前，应对水表进行集中检查，发现问题及时处置。

（4）对冻结水表可用毛巾包裹后温水浇洒解冻，禁用火烤及沸水浇淋。

（5）有条件的，应完善信息化建设，实时监测管网水温变化，当水温接近临界温度，可采取临时停水、排空管道等防止水表上冻损坏措施。

4.3.2 水表环境和附属设施

（1）管廊水表井每层楼面应封闭，避免形成风道，影响水表保温效果。

（2）埋地水表井应清除积水，保持井盖完好，持续低温时可在井内铺垫黄砂、锯末等隔热保温材料，并可在表后管道上增设排水阀。

（3）挂墙水表箱应设置保温表箱，宜嵌墙安装，箱体四周应砌筑严实，箱门应设置密封条，表箱内设施均应作保温处理；冬季水表箱建造前应排净立管水，保温措施完成后方可通水。

4.4　阀门及室外消火栓

4.4.1　冬季前，对阀门进行集中检查，确保阀门井盖完好、启闭正常，发现问题及时处置。

4.4.2　冬季寒潮期间，对长期不使用的阀门，可采取末梢排放、管道泵强制水循环流动或排除积水等措施，防止冻结。

4.4.3　阀门冻结时，解冻过程中严禁使用扳手或其他重物敲击冻结阀门，防止阀体开裂损坏。

4.4.4　冬季前，对消火栓进行集中检查，确保自泄阀通畅、控制阀完好，发现问题及时维修、更换。

4.4.5　冬季寒潮期间，地上式消火栓裸露部分应采取保温材料包裹或相应的防冻措施，保温材料应位于消火栓取水口以下，严禁全部包裹或覆盖保温。

5 二次供水设施

5.0.1 冬季来临前，应加强二次供水设施巡检维护，发现问题及时处置。

5.0.2 二次供水泵房宜加强温度、湿度实时监控，预警低温冰冻，必要时采取保温措施。

5.0.3 增压设施、水池（箱）应设置在维护方便、通风良好、不结冰的房间内。

5.0.4 水池（箱）进水宜采用电磁阀、电控阀等液位控制方式。

5.0.5 应定期检查水池（箱）液位浮球阀是否正常，防止因溢流引起保温设施失效。

5.0.6 室外设置的水池（箱）应有防冻、保温隔热措施。楼顶水箱（或室外水池），箱体（或池壁）应采用保温材料进行整体保温隔热处理，人孔处应加盖上锁、封闭严实。

5.0.7 楼顶水池（箱）的管道、阀门等应做好保温隔热处理，保温隔热层厚度及施工工艺，参见《管道和设备保温、防结露及电伴热》16S401。

5.0.8 二次供水管道末梢宜增设水温监测点，实时监测水温，做好冰冻预警。

6 应急管理

6.1 预案编制

6.1.1 供水企业和其他供水设施管理单位应结合实际编制雨雪冰冻应急预案，针对重点岗位、关键环节制定应急处置方案及措施，形成应急预案体系，按规定报政府主管部门备案。

6.1.2 应急预案应健全应急体系和机制，提高应对雨雪冰冻灾害的能力，最大限度预防和降低损失，保障城市供水安全，维护社会稳定。

6.1.3 应急预案编制应全面系统，包括组织体系、事件分级、预防预警、响应机制、应急处置、善后处理等内容。

6.2 组织体系

建立健全应急组织保障体系，成立应急指挥领导小组，组建应急抢险队伍及各类应急处置小组，明确职责，做好人员、材料、设备、车辆、通信、应急用电、后勤保障等应急准备。

6.3 事件分级

按照雨雪冰冻灾害的严重性和影响范围，可分为一般突发事件（Ⅲ级）、较大突发事件（Ⅱ级）和重大突发事件（Ⅰ级），详见表 6-1。

雨雪冰冻灾害事件风险分级表　　　　　表 6-1

事件等级	事件风险描述
一般突发事件（Ⅲ级）	最低气温处于 $-5\sim0$℃之间发生制水生产设备设施、供水管网设施冻损事件，受损范围小、数量少，对生产生活影响小

事件等级	事件风险描述
较大突发事件 （Ⅱ级）	最低气温处于−10～−5℃之间，或最低气温虽在−5～0℃之间，但持续时间较长，发生制水生产设备设施、供水管网设施冻损事件，受损范围较大、数量较多，对生产生活影响较大
重大突发事件 （Ⅰ级）	最低气温处于−10℃及以下，或最低气温虽在−10～−5℃之间，但持续时间较长的极端天气，造成制水生产设备设施、供水管网设施冻损事件，受损范围大、数量多，对生产生活影响大，需相关单位联动应急处置

6.4 预防预警

6.4.1 每年第二季度统计分析上一年度供水设施冻损情况，系统评估和完善应急预案体系，制定和发布年度雨雪冰冻预防计划。

6.4.2 预防措施

（1）应按计划提前部署冬季制水生产防冻应急保障工作；

（2）应按计划提前部署冬季管网、水表及附属设施防冻应急保障工作；

（3）应做好易冻损供水管网及附属设施检查，及时整改；

（4）应做好易冻损水表及附属设施检查，及时整改；

（5）应备足制水原材料和各种口径管网抢修维修材料、水表以及麻袋片、防滑草帘或草垫、电加热带等防寒防冻应急物资，联系供应商做好持续供货准备；

（6）应提前制定冬季防寒宣传及舆情应对方案；

（7）可通过企业官网、微信公众号、电视台和广播电台、报纸及媒体对接会（发布会）等平台宣传防寒防冻常识；

（8）重点对易冻高层小区和老旧小区的用户做好用水设施防寒措施宣传；

（9）应做好服务热线通话设施及话务人员准备，提前进行业务培训；

（10）应按计划提前做好应急处置期间的后勤保障工作。

6.4.3 设置预警等级，根据气象部门天气预报发布供水系统冰冻灾害预警，详见表6-2。

预警等级判定及发布范围 表6-2

预警条件	预警等级	预警发布范围
最低气温处于−5～0℃之间，符合一般突发事件（Ⅲ级）	黄色预警	在供水企业或供水设施管理单位所属生产、维护基层管理部门内发布
最低气温处于−10～−5℃，或最低气温虽在−5～0℃之间，但持续时间较长，符合较大突发事件（Ⅱ级）	橙色预警	在供水企业或供水设施管理单位内发布，必要时可通过媒体向社会发布
最低气温处于−10℃及以下或最低气温虽在−10℃～−5℃之间，但持续时间较长，符合重大突发事件（Ⅰ级）	红色预警	在供水企业或供水设施管理单位内发布，并通过媒体向社会发布，同时报政府主管部门

6.5 响应处置

6.5.1 Ⅲ级响应

供水企业或供水设施管理单位所属生产、维护基层管理部门作为第一响应单位按处置方案开展应急处置工作。

6.5.2 Ⅱ级响应

在Ⅲ级响应基础上，供水企业和供水设施管理单位应重点做好以下工作：

（1）灾情的统计、分析、上报工作。

（2）供水管网及设施的应急抢修工作。

（3）应急队伍所需抢险物资、车辆调配和后勤保障工作。

（4）必要时，应指定一名新闻发言人将应急处置信息通过媒体等渠道发布。

（5）供水企业在以上应对措施的基础上，还应加强水质检测，确保水质安全；适时增加服务热线座席和话务人员；必要时，增设与政府热线联系渠道，保持信息畅通。

6.5.3 Ⅰ级响应

在Ⅱ级响应基础上，供水企业和供水设施管理单位应重点做好以下工作：

（1）冻损水表更换和供水设施抢修工作。

（2）应急送水服务工作。

（3）对易冻高层、老旧多层和空置率较高的住宅小区可采取夜间停水并排空管道等措施，停水前应做好用户告知工作，并及时恢复供水。恢复供水时应做好管道冲洗排放与水质检测，确保水质合格。

（4）响应期间，及时将应急处置信息向政府主管部门报告。

（5）应指定一名新闻发言人，及时将应急处置信息通过媒体等渠道发布，做好舆情监控和舆论引导工作。

（6）必要时，启用社会力量充实应急处置队伍。

（7）供水企业可执行各地供水管网压力下限标准。

6.6 扩 大 应 急

雨雪冰冻灾害事件升级，供水企业和供水设施管理单位无法应对处置，应及时报政府主管部门，扩大应急响应。

6.7 应 急 终 止

应急响应终止后，应采取有效措施，尽快恢复正常供水。

6.8 后 期 处 置

后期处置过程中，供水企业和供水设施管理单位应重点做好以下工作：

（1）受雨雪冰冻影响水表校准工作。

（2）及时编制总结报告，分析受损情况，做好资料归档工作。

（3）根据统计数据研究各类供水管材、水表、阀门等供水设施抗冻性能，指导供水工作。

（4）对雨雪冰冻造成的有关损失进行调查、评估和处理等善后工作，并开展有针对性的改造工作。

（5）应急预案评估和完善工作。

附　录

附录一：

编　制　依　据

1.《中华人民共和国城市供水条例》（1994）

2.《给水排水设计手册》（第三版，2010）

3.《室外给水设计规范》GB 50013—2006

4.《给水排水工程构筑物结构设计规范》GB 50069—2002

5. 中国工程建设标准化协会标准《低温低浊水给水处理设计规程》CECS110：2000

6.《混凝土结构设计规范》GB 50010

7.《混凝土结构耐久性设计规范》GB/T 50476

8.《室外给水管道工程设计、施工及验收规程》

9.《给水排水管道工程施工及验收规范》GB 50268—2008

10.《中华人民共和国突发事件应对法》（国家主席令第 69号）

11.《城市供水突发事件应急预案编制指南》

12.《城市供水系统防冻抗冻技术措施》（住房和城乡建设部，2008）

13.《城镇供水厂运行、维护及安全技术规程》CJJ 58—2009

附录二：

国外供水系统抗冻资料总结

摘　　要

供水管网是供水系统中至关重要的环节，净水厂的出厂水通过供水管网输送至用水户，供应时应保证有足够的水压和水量。若供水管网中某处发生故障，对用户的水压和水量将受到影响，甚至会导致停水；在发生冰冻灾害情况下，管道更易出现故障，且更为严重，因此针对预防冰冻灾害情况下保护管道及配件的措施受到广泛关注，结合国外文献和实际应用对管道的保温与冻结措施展开研究。

低温时，水在管道内会从管壁处开始冻结，过水面积变小，甚至完全堵塞导致停水。此外水结冰时体积膨胀，而管道内体积是有限的，当冰膨胀到大于管道所承受的压力时会发生爆管，从而可能对用户的生产生活造成严重影响。

我国秦岭—淮河以北地区冬季长期低温，管网的保温问题受到重视，管道的保温措施较为完善。而由于秦岭—淮河以南地区年平均气温高，管道保温问题常被忽视，在发生冰冻灾害情况下，管道容易冰冻，导致用户用水水压降低或停水，甚至在短时间内造成多处管道爆管。预防冰冻灾害情况下，及时维修大面积爆管非常困难，故采取有效的措施进行管道保温十分必要。

在冰冻灾害情况下，对管道进行有效的保温措施能降低管道的冻结或爆管的几率。可以使用保温材料减少管道内水热量的损失，让管道内水的温度保持在冰点以上；也可以使用滴水防冻技术使水分子动能增大，不易冻结。这些方法能够切实地有效降低冰冻灾害对居民用水的影响。

水在管道内已经发生冰冻的情况下，如何安全有效地解冻也值得深入研究。解冻时加温温度不能太高，否则管内水气化为水蒸气，水蒸气的压力会造成爆管；而温度太低则不能有效解冻。此外，使用电、明火解冻时也容易引发安全事故。

　　预防冰冻灾害情况下，对管网进行有效的保温措施并及时解冻对保障居民用水具有重大意义。

1 防冻预警条款

1.0.1 在秦岭—淮河以北地区通常将水管布置在建筑物的保温结构内，以保护管道免受低温的影响。然而在极端寒冷的天气，建筑物的孔洞会使管道与冷空气接触，导致管道冰冻并爆管。

秦岭—淮河以南地区居民防寒意识不足，在突发寒潮时，无及时应对措施。且建筑物中管道常位于建筑物保温结构外未受保护的区域，因此管道更容易受到冰冻灾害的影响。通常一年会发生一两次。

有阁楼的建筑，管槽和外墙的管道都容易冻结。当墙面有裂缝或开口时，室外冷空气会侵袭管道，更容易发生冻结。伊利诺伊大学（the University of Illinois）的研究表明，冷空气能使管道中的水加速冻结，从而发生爆管。

Freezing and bursting pipes[3] 提到，外墙上的电视线、电缆或电话线孔洞，会提供接触管道的冷空气进入建筑室内的途径。

1.0.2 在秦岭—淮河以南和其他冰冻天气不常发生的地区，建筑物未给管道提供足够的防冻保护时，"温度报警阈值"为−6.67℃。

这个阈值是基于在伊利诺伊大学建筑研究协会的研究确定的。生活用水给水系统在冬季温度下的实地实验项目显示，安装在阁楼未采取保温措施的管道，在外界温度降低到−6.67℃及以下时开始冻结。

通过对在美国南部工作的 71 名管道工调查后得到，爆管问题通常出现在气温下降到−7℃到−12℃左右的情况下。

Freezing and bursting pipes[3]认为冰冻事故也会发生在温度保持在−6.67℃以上时。当管道由于外墙上存在裂缝或缺乏保温措施等原因暴露在冷空气中（特别是流动的空气，比如在大风天），容易在阈值温度以上发生冻结。

2 防冻措施

2.1 保温

2.1.1 英国标准 BS EN806-2：2005[2]提到，易结冻地区的水表应采取充分的保温措施，以防冻坏水表。

2.1.2 保温材料的布置不应阻碍水表读数和更换[2]。

2.1.3 在建筑物外部地面上布置的管道和配件，应由具有防风雨处理的保温材料保护[2]。

2.1.4 Freezing and bursting pipes[3]文中的观点认为在外墙、阁楼和管槽中的管道应采取保温或加热措施。管道保温材料有玻璃纤维或泡沫套管。

2.1.5 使用加热带和加热电缆能有效地预防管道冻结。位于室内不供暖地区的管道可采用加热带或管道保温材料覆盖[3]。

2.1.6 Mark Buttle 和 Michael Smith[4]总结了北美地上管道的保温措施，分析归纳该地区采用的管道保温结构。其中包括供水、污水和电力供应管线共用一个充满保温泡沫的细长木制或塑料框架结构。这种技术的简化版也适合于应急供水系统。相较于管道埋地，这种技术的优势是管道便于维修。而管道埋地的优势是可以使保温层更厚，同时更有效地防雨淋。见附图 2-1～附图 2-12。

2.1.7 在建筑物内打开厨房和浴室的橱柜，可以保证室内温暖的空气接触水龙头和管道立管。因此在寒潮来袭时，打开橱柜柜门让暖空气在管道周围流通是有效的防护措施[3]。

2.1.8 消火栓

1996 年，D. W. Smith 在《Cold Regions Utilities Monograph》[5]一书中总结了美国室外消火栓的不同形式以及相应的防冻措施。

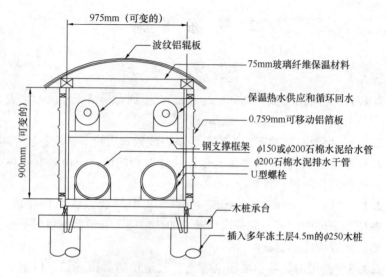

附图 2-1　带有中心加热线的保温管道

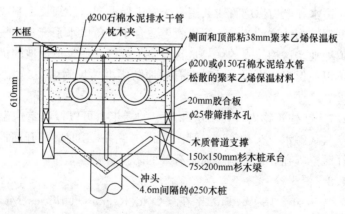

附图 2-2　胶合板箱保温管道

24

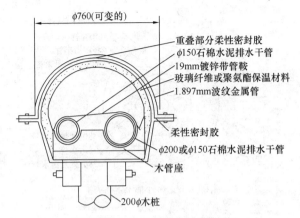

附图 2-3　波纹金属管保温管道

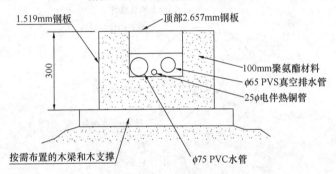

附图 2-4　真空排水保温管道

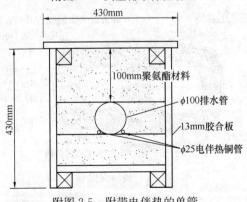

附图 2-5　附带电伴热的单管

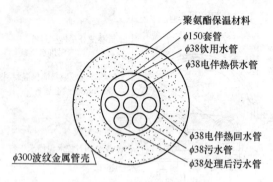

聚氨酯保温材料
φ150套管
φ38饮用水管
φ38电伴热供水管
φ38电伴热回水管
φ38污水管
φ38处理后污水管
φ300波纹金属管壳

附图 2-6　多小管保温管道

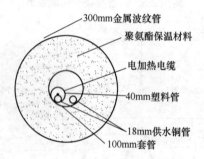

300mm金属波纹管
聚氨酯保温材料
电加热电缆
40mm塑料管
18mm供水铜管
100mm套管

附图 2-7　用户连接管

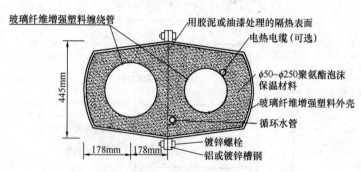

玻璃纤维增强塑料缠绕管
用胶泥或油漆处理的隔热表面
电热电缆（可选）
φ50~φ250聚氨酯泡沫保温材料
玻璃纤维增强塑料外壳
循环水管
镀锌螺栓
铝或镀锌槽钢
445mm
178mm　178mm

附图 2-8　预制保温管道

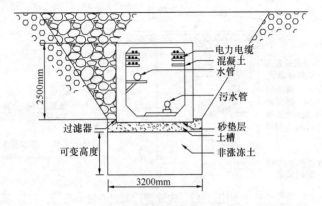

附图 2-9　掩埋管廊保温管道

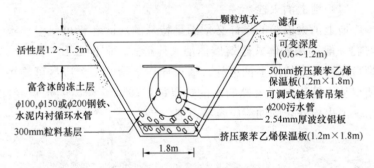

附图 2-10　掩埋管廊保温管道

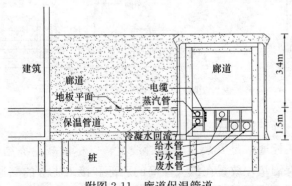

附图 2-11　廊道保温管道

27

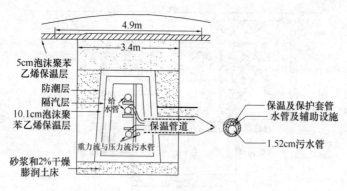

附图 2-12　掩埋管廊保温管道

（1）地上消火栓

地上消火栓箱的设计必须满足特殊的地面和管道保温要求。它们一般都是连体式建筑墙体消火栓形式。附图 2-13 为一个典型带保温外壳的地上消火栓。消火栓离干管的距离应尽可能短，使得从干管流向消火栓的水的热量能保障消火栓内的水免受冻结。消火栓外壳的油漆应容易识别。

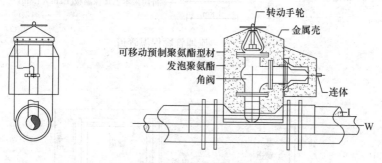

附图 2-13　地上消火栓

（2）地下消火栓

消火栓通常是安装在干管管线上，以尽量减少冻结的可能性。将保温垫片放置在消火栓筒的底部和接入主管的三通之间。典型的地下消火栓安装如附图 2-14 所示。消火栓筒放置在一个

直径 500mm 聚乙烯系列 45 套管内的 75mm 厚预制聚氨酯材料
进行保温。套管和保温筒之间的空腔内充满油蜡混合物，以防止
因冻胀对消火栓造成损坏。保温阀通常安装在三通的任一侧，以
便消火栓更换或修理。

　　水不能留在消火栓筒内，因为它会冻结。如果筒周围的土壤
不结冰，水就可以从排水孔排出。如果地面被冻结，就像在冻土
区一样，筒内的水必须用人工泵抽出来并用防冻液代替。将丙二
醇和自来水的混合物泵入空消火栓内，以防止消火栓冻结。但必
须避免丙二醇等混合物渗入给水管网，造成对水质的交叉污染。

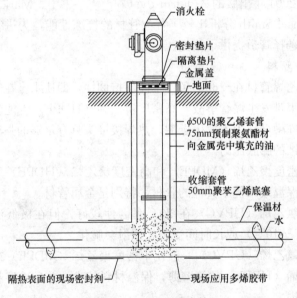

附图 2-14　地下消火栓

2.2　政府预警及组织居民排空缺少保温措施的室内给水管道

2.2.1　Repairing Frozen or Broken Pipes[6] 中提到，政府应提前
做好向居民防冻减灾宣传。在可能发生水管冻结甚至爆管的冰冻
灾害到来以前对居民发出预警，作为最后的手段提醒有需要的居

民稍微打开离干管最远的水龙头，保持管道内的水流动，能防止管道冻结。虽然滴水是一种浪费，但可以免于爆管。

2.2.2 Snohomish 发布的通告 Protecting Your Water Pipes in Cold Weather[7]中给出室内排水的具体措施：关闭室内给水总阀并打开所有的水龙头，排空管道中的水，冲洗厕所排空卫生器具水箱中的水，防止爆管。注意在排空管道之前关闭热水器电源。保持室内的暖气温度在 12.7℃也能起到水管防冻的效果。

2.3 管 选 择

在 2004 年出版的《Out in the Cold》[4]一书中，Mark Buttle 和 Michael Smith 分析比较了各类管材的抗冻性能，为进行防冻设计、选择管道提供了依据。

2.3.1 塑料

聚乙烯管材在−60℃条件下能保持韧性，即使水已在管道内冻结也很难发生爆管事故。高密度聚乙烯（HDPE）管能保证在若干个冻融循环中不发生爆裂。热焊接接头具有足够的强度，能承受冻结的膨胀压力。

中密度聚乙烯（MDPE）和高密度聚乙烯（HDPE）导热系数低，保温效果优于其他的管材，特别是金属管材。

聚氯乙烯（UPVC）在 20℃时韧性较好，但在极低温度下（如低于−10℃）或长时间受阳光照射会脆化。

聚氯乙烯（UPVC）一般比中密度聚乙烯（MDPE）或高密度聚乙烯（HDPE）的管壁薄，保温材料较少，并且更容易发生意外破损。

聚氯乙烯（PVC）管道应在改变方向处设置斜撑底座，以防止冰在弯头处膨胀引起开裂。

聚乙烯管（PE）在突发雨雪冰冻灾害情况下柔韧性不足，特别是当外界温度低于冰点时。在对管道安装的精度有严格要求的情况下，接头和管道应存放在室内或是供暖的帐篷中，以方便管理并保证管材柔韧性。

预保温高密度聚乙烯管（Pre-insulated HDPE pipes）

预保温高密度聚乙烯（HDPE）管外表包裹了一层具有聚乙烯防水层的聚氨酯泡沫保温层。

采用预保温高密度聚乙烯（HDPE）管道是针对接触空气的管道的最有效的防冻措施。它常常应用于管道通过桥梁时不能覆土掩埋的情况。

预保温高密度聚乙烯（HDPE）管道造价昂贵，但也适合填埋施工作业。在保证抵抗车辆荷载的前提下的覆土厚度时，埋深比其他管材管道小。

2.3.2 金属

球墨铸铁管具有很强的弹性。由铁或钢制成的管道容易受到腐蚀，使用一些涂层可以防腐。尽管金属管强度很高，仍会承受不住冰压力爆管。

小直径（50mm以下）的金属管可用通电的方式解冻。

普通HDPE管和预保温HDPE管的保温性能比较见附表2-1。

普通 HDPE 管和预保温 HDPE 管的保温性能比较　　附表 2-1

管道直径（mm）	环境温度＝−18℃			环境温度＝−34℃		
	无保温材料	附有 50mm 聚氨酯泡沫		无保温材料	附有 50mm 聚氨酯泡沫	
	冷冻时间（h）	冷冻时间（h）	热量损失（W/m）	冷冻时间（h）	冷冻时间（h）	热量损失（W/m）
50	1	57	2.7	<1	29	5.0
75	3	107	3.4	1	55	6.5
100	4	149	4.1	2	77	7.7
150	9	241	5.4	5	125	10.2
200	16	333	6.6	8	12	12.4
300	34	530	8.9	17	274	16.8
400	53	692	10.6	27	357	20.0

2.3.3 其他的管材

石棉水泥管在低温下特别易碎，除非适当的埋设，否则不应使用。

丙烯腈—丁二烯—苯乙烯（ABS）管与聚氯乙烯（PVC）性能相近，但在相同荷载条件下，丙烯腈—丁二烯—苯乙烯（ABS）管所需的管壁较厚，并且更容易受到光照的损害。

3 解 冻 措 施

在突发寒潮的情况下，当管道内的水开始部分结冰时，管道内的过流断面面积减小使得水头损失变大，用水点水压变小。当管道内的水完全冻结时，水龙头内没有流动的水。完全冻结的管道可能发生爆管，因为管道系统内体积有限，水由液态变为固态的体积膨胀过程可能会超过管道的承受能力。打开水龙头，可以通过流量大小来判断管道内是否有冻结现象以及冻结的程度。

3.0.1 在管道完全冻结前发现冻结问题，Repairing Frozen or Broken Pipes[6]文中的观点认为应打开水龙头，让管道内的水保持流动。流动的水有助于融化阻塞管道的冰。在管道完全冻结的情况下，应采取更多的措施。

3.0.2 Frozen / Broken Water Pipes[8]文中给出解冻的措施：当水管确认发生冻结时，调高室内的空调，并打开有管道的橱柜，让暖空气在管道周围流通，不应直接对管道加热。

3.0.3 可使用电吹风，将电热垫缠绕在管道上，或将浸泡温水的毛巾缠绕在管道上并不断地在毛巾上冲淋温水，或使用其他的间接加热方式解冻冻结的管道。确保管道不会破坏，使用电器时要注意防水。由于封闭管道内的蒸汽压可能引发爆管，不能快速加热管道使得管道内的水沸腾。塑料管材应小心地加热，上述内容在 Repairing Frozen or Broken Pipes 和 Frozen / Broken Water Pipes[6,8]两篇文章均有提及。

3.0.4 Frozen / Broken Water Pipes[8]的作者提醒使用者不应使用喷灯、煤油或丙烷加热器、炭炉或其他明火加热设备。喷灯会使管道内冻结的水沸腾，导致管道爆炸。家庭中的明火存在严重的火灾隐患和人体接触一氧化碳的风险。

3.0.5 解冻冻结管道前，检查是否存在爆管或者漏水，并对破损管进行维修[6]。

3.0.6 解冻前关闭冻结管段上游阀门，在没有阀门的情况下，关掉整个房屋总阀[6]。

3.0.7 从水龙头往冻管方向进行解冻，以便将融化的水及时排出[6]。

4 维修措施

在突发 0℃ 以下恶劣天气时，管道发生冻结，除了采取解冻措施，有效的维修措施也能降低损失。在应对冰冻灾害情况下，这些措施应被写进防灾抗灾的宣传内容中。

4.1 临时维修措施

在管道发生冻结和爆管、家中停水及在供水企业和供水设施管理单位维修不及时的情况下，临时修补措施也很重要。

用橡胶包裹管道并用软管夹紧减少漏水。这种维修措施会有少许泄漏，需要作进一步的长期修复。

若发现水管爆裂，应立即采取措施，以减少损失。以下是 Frozen / Broken Water Pipes[8] 列举的维修措施：

（1）首先关闭进户管。

（2）在因冻结而发生爆管的管道解冻时，用毛巾吸收破裂管道的漏水。

（3）及时联系当地供水企业和供水设施管理单位。

（4）破裂管道中的水漏向室内时，立即搬开所有水浸泡的物体（地毯、服装、家具等），以减少霉菌生长的风险。

（5）浸满水的墙、框架和地板材料，应由相关单位评估建筑结构的完整性。

（6）所有已注满水的多孔物体（石膏板、保温、地毯、填充等）应该尽快丢弃，在对应区域已经充分干燥后用新材料取代。该措施可最大限度地减少霉菌生长的风险。

4.2 采用管夹修补破裂管道

Repairing Frozen or Broken Pipes[6] 中提到，管夹是能适应

管道尺寸的简易铰链装置，可以修复爆裂的水管，使损坏的管道在较长的时间内正常工作。用合成氯丁橡胶（neoprene）垫或橡胶管包裹管夹，并用螺丝钉拧紧以固定管夹。这种夹具的安装非常简单，发生紧急情况下特别有效。水管在管接头、弯头或三通漏水时，可以采用这种方法。

4.3　维修钢管的措施

钢管采用类似螺栓和螺母的连接方式相接。Repairing Frozen or Broken Pipes[6]推荐使用管夹维修沿焊接缝爆裂的钢管。把爆管区域用圆头锤敲掉，在剩下管段上安装管夹。

更换部分的钢管可以采用以下方法，移除受损的区域并使用螺纹接头和管扳手安装新的管道。将切掉管段两端连接起来是很必要的，所以需要管接头匹配，该方法需要专门工具。另一种措施是用硬质塑料（CPVC）替换损坏钢管，将螺纹塑料连接器连接现有的螺纹钢管道或管接头。这些塑料管道必须使用"溶剂焊接"的方法相连。

4.4　维修溶剂焊接刚性塑料管的措施

硬质塑料管道（PVC，CPVC和ABS）较容易修复，这些类型管道的连接措施称为"溶剂焊接"。在各部分放置在一起后，将溶剂用在连接区域使塑料元件表面融化并融合在一起。这一过程并不难，但必须操作正确以防泄漏，特别是在管内仍有压时[6]。

实现的方法如下：

（1）用一把钢锯或油管刀具切割管道至要求的长度。垂直于截面切，否则管段不能完全相接。

（2）边缘用刀或细锉锉光滑。

（3）将管段插入管接头，并调整到正确的位置。标记管道参考线，便于在添加接合剂之后再次找到位置。

（4）清洁与溶剂底漆相接触的表面。

（5）用接合剂刷管道内外侧。

（6）快速将管推向接头标记处并旋转 1/4 转，转动管段对齐标记，抹匀接合剂和并边缘处挤出滴状接合剂，液珠应在管段周围延展开，胶水在 30s 左右会干透并紧紧粘牢管道。

4.5　维修焊接铜管的措施

Repairing Frozen or Broken Pipes[6]认为修理或更换铜管比塑料管更困难。焊接铜管应保证管道和新的管件表面必须干净，还需保证水龙头关闭，并在焊接管道部件前放空管道内水，否则管道中增大的蒸汽压具有安全隐患。

重新连接松动或泄漏的接头时，应将接头完全分开，若仅在接缝处熔融则不足以防止泄露。用丙烷焊炬加热管段，直到管段可从管件接头完整取出。用钳子会使管段变热，将管道分开后，用刀、锉刀或砂纸从管道和管接头内除去旧焊锡和所有残留物。

在使用新管道或管件时，用非常细的砂纸、砂布磨平砂管道的两端或钢配件内侧。应该清洁将要被焊接的所有区域，并且保证被焊接区域没有油。开始焊接前，应切断管道，找到合适的管件，并且清洁好所有的组件，再进行焊接的操作。

接头冷却后，打开水龙头使接头承压，检测连接是否成功。如果漏水，需要拆卸重做。

修补或添加新管道时想使用新的管材，可以购买特殊的转接头。这些转接头通常是由一种材料的一端和另一种材料的另一端组成。使用转接头免去了需要不同管材的困难。

5 管道冻结原理及相应其他措施

5.1 爆管原理及过程

流动的水在水管中的冻结过程包括过冷（supercool）、树枝状冰的成核与形成（nucleation and the formation of dendritic ice）、同心环生长（concentric ring growth）和完全冻结（complete freezing）这四个不同的阶段。见附图 2-15。

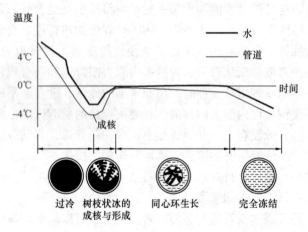

附图 2-15 管道温度变化及冻结过程

5.1.1 过冷（supercool）

当水管暴露在低于冰点的温度时，热量经过管壁和保温层从水中转移到低温空气中，使得水温开始下降。水温达到相变温度 0℃时不会使水立即结冰，而是继续下降，接近周围空气的温度，这就是过冷现象，是冻结过程的第一阶段。管道中的水在出现结冰之前可能经历很长一段时间的过冷现象，处于该阶段的管道中只有液态水存在，当达到成核温度时才能开始结冰。Akyurt M

等人[9,10]观察到，对于普通自来水系统，成核温度通常是在低于冰点 4~6℃。

5.1.2 树枝状冰的成核与形成 （nucleation and the formation of dendritic ice）

发生相变时，两相共存的界面称为交界面，交界面的厚度从零点几纳米到几厘米不等，微观结构十分复杂。交界面受到几个因素的影响，包括物质自身性质、冷却速率、液体表面温度梯度和表面张力。

以往研究中假设冰作为固体环从管壁向中心生长，进而忽略了树枝状冰的形成。在另一个相关实验中，Gilpin 发现管中静止水会在冰核形成前经历一个持续的过冷状态。Knight[9,10] 表示，过冷现象使得水到过冷温度时不形成冰层，反而形成由分散的薄盘状晶体构成的树枝状冰。

5.1.3 同心环生长 （concentric ring growth） 和完全冻结 （complete freezing）

Turkmen N 等人发现[11]在第二阶段后水的温度回升到 0℃以上，冰以同心环的形式从管壁开始生长。当管道内所有的水都结冰后，管道开始在水—冰相变温度以下冷却，并最终接近环境温度。在第四阶段，管道将不再含有水，完全被固态冰块堵塞，这是冻结的四个阶段。当管道的温度冷却到与周围空气的温度相同时，冻结过程完成。

一些主观判断认为冰冻爆管事故是因为冰的生长对管壁造成难以承受的压力，这是不正确的。Gordon 的实验证明，仅仅树枝状冰导致的水流堵塞不会导致爆管，只能阻碍水流流动。

管道和容器爆裂事故发生在冰块完全堵塞、水体隔绝的情况下。一个典型的例子：一个管段一端是没有漏水的阀门，另一端是完全堵塞的冰块。因为水被压缩的体积有限，并且冰不断生长体积增加，会导致水压增大。如果冰继续在有限的管段里生长，在冰塞和阀门之间的水压会迅速增大。爆管通常发生在几乎没有冰形成的管段，因为爆管的真正原因是水压增大而不是冰体积增大。爆管实验显示了在管壁上爆管处有相当大的突起，一旦有突起，管道会在突起并且比较薄弱的位置发生爆管。

冻结管道压力和应力变化过程如附图 2-16 所示。

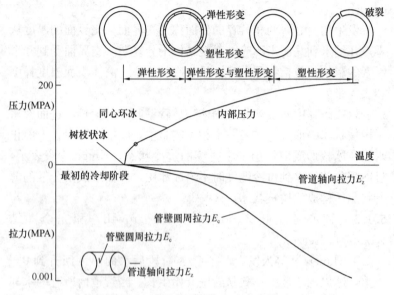

附图 2-16 冻结管道压力和应力变化过程

5.2 基于爆管原理提出的措施

根据上述原理，泄压、减缓冻结以及保温等措施都能有效防止爆管发生。

5.2.1 滴水

打开用水器具，保持最小水流的滴水状态是一个防止爆管的措施。它能起到如下两点作用：①通过稍微打开水龙头，及时将受到挤压的水排出，防止由于水压增加导致的爆管事故；②水流不断流经冻结管段，能减缓结冰的过程，从而降低爆管事故的发生几率。

在实际应用中，滴水产生的水量漏失和相关经济损失要远远低于爆管及后续维修的影响。

5.2.2 安装气压罐及泄压装置

固态冰的同心环在管道内长成冰塞，在有限的体积内产生危险的高压，导致管壁爆裂。安装气压罐容纳增加的压力能防止或是延迟爆管。同理，让从可能发生爆管的管段及时泄压，也能避免爆管事故的发生。其对应的措施是在管道上安装泄压装置[10]。

5.2.3 管道保温

与上述补救措施相比，管道保温能从根本上防止管道的冻结，避免爆管发生。保温的措施包括布管经过室内供暖的区域，包裹管道保温材料等。

中英文相关词汇对照表

防冻措施	anti-freezing measures
保温	heat preservation
加热带	Heatingbelt
保温管道	utilidor
消火栓	hydrants
地上消火栓	above-ground hydrants
地下消火栓	below-ground hydrants
中、高密度聚乙烯	medium and high-density polyethylene (MDPE and HDPE)
热焊接接头	heat welded joint
聚氯乙烯	polyvinyl chloride (PVC)
聚乙烯	polyethylene (PE)
球墨铸铁管	ductile iron pipe
聚氨酯泡沫保温层	polyurethane foam insulation layer
预保温高密度聚乙烯	pre insulated high density polyethylene
石棉水泥	asbestos cement
丙烯腈-丁二烯-苯乙烯	acrylonitrile butadiene styrene (ABS)
恒温器	thermostat
临时维修措施	Interim maintenance measures
软管夹	hose clamp
管夹	pipe clamps
氯丁橡胶	neoprene
塑料螺纹连接器	plastic threaded connector
溶剂焊接	solvent welding

溶剂焊接刚性塑料管材	solvent welding rigid plastic pipe
接头	joint
无铅焊剂	lead-free flux
过冷	supercool
树枝状冰的成核与形成	nucleation and the formation of dendritic ice
同心环生长	concentric ring growth
完全冻结	complete freezing
相变	phase transition
成核温度	nucleation temperature

附录二参考文献

[1] US EPA, OW, US EPA, OW, Office of Water. Incident Action Checklist - Extreme Cold and Winter Storms [J]. 2015.

[2] En B S. Specifications for installations inside buildings conveying water for human consumption[J]. 2001.

[3] Freezing and bursting pipes [N]. Boston: Natural Hazard Mitigation INSIGHTS

[4] Mark Buttle, Michael Smith. Out in the Cold[M]. Water Engineering and Development Centre Loughborough University. 2004

[5] SmithD W. Cold Regions Utilities Monograph[M]. ASCE, 1996. 385-388

[6] Repairing Frozen or Broken Pipes[N]: Let's Build together

[7] Protecting Your Water Pipes in Cold Weather[N]: Snohomish County PUD Customer Service

[8] Frozen / Broken Water Pipes[N]: Public Health

[9] Gerón J A C, Mariles Ó A F. ANALYSIS AND EXPERIMETATION OF FREEZING WATER PIPELINES ON MEXICO[J].

[10] Akyurt M, Zaki G, Habeebullah B. Freezing phenomena in ice-water systems[J]. Energy Conversion & Management, 2002, 43(14): 1773-1789.

[11] Turkmen N, Akyurt M, Aljawi A. Investigation of pressures caused by ice blockage[J]. 2009.

[12] Bedient M J. Water system freeze protection apparatus: US, US 4286617 A[P]. 1981.

[13] Kanie S, Okamoto H, Sato M, et al. Interactive Behavior between Frost Bulb and Chilled Pipe by an Axially-Symmetric Freezing Experiment[C]: Conference on Cold Regions Engineering. 2009: 129-138.

[14] Frayssinoux R F E. FREEZE PROTECTION FOR A WATER ME-

TER: US, US3440879[P]. 1969.

[15] WingateC F. The Water-Supply of Cities[J]. North American Review, 136: 364-374.

[16] Farra E. Maintaining Water Service in Sub-Zero Weather[J]. Journal, 1940, 32(12): 2060-2066.

[17] Parfentjeva N, Valancius K, Samarin O, et al. Solving the problem of pipeline freezing with respect to external heat exchange[J]. Mechanika, 2015, 21(5): 393-396.

[18] Gilpin R R. The Effect of Cooling Rate on the Formation of Dendritic Ice in a Pipe with No Main Flow[J]. Journal of Heat Transfer, 1977, 99(3): 419-424.

[19] Smith K M, Bree M P V, Grzetic J F. Analysis and Testing of Freezing Phenomena in Piping Systems[C]: ASME 2008 International Mechanical Engineering Congress and Exposition. 2008: 123-128.

[20] Cruz J, Davis B, Gramann P, et al. A study of the freezing phenomena in PVC and CPVC pipe systems[J]. Journal of Applied Probability, 2010, 8(2): 215-221.

[21] Chatterji S. Aspects of the freezing process in a porous material-water system: Part 1. Freezing and the properties of water and ice[J]. Cement & Concrete Research, 1999, 29(4): 627-630.

[22] Freitag D R, Mcfadden T. Introduction to Cold Regions Engineering [J]. New York Ny American Society of Civil Engineers, 1996, 13(4).

[23] Bowen R J, Keary A C, Syngellakis S. Pipe freezing operations offshore -Some safety considerations[J]. 1996.

[24] MaZ, Wang S, Pau W. Secondary loop chilled water in super highrise[J]. Ashrae Journal, 2008, 50(5): 42-44+46+49-50+52.

[25] Hirata T, Matsuzawa H. A study of ice-formation phenomena on freezing of flowing water in a pipe[J]. Journal of Heat Transfer, 1987, 109(4): 965-970.

[26] Gilpin R R. Cooling of a horizontal cylinder of water through its maximum density point at 4°C[J]. International Journal of Heat & Mass Transfer, 1975, 18(11): 1307-1315.

[27] Hirata T. Effects of friction losses in water-flow pipe systems on the freeze-off conditions[J]. International Journal of Heat & Mass Transfer, 1986, 29(6): 949-951.

[28] Sugawara M, Seki N, Kimoto K. Freezing limit of water in a closed circular tube[J]. Heat and Mass Transfer, 1983, 17(3): 187-192.

[29] Akyurt M, Zaki G, Habeebullah B. Freezing phenomena in ice-water systems[J]. Energy Conversion & Management, 2002, 43 (14): 1773-1789.

[30] TurkmenN, Akyurt M, Aljawi A. Investigation of pressures caused by ice blockage[J]. 2009.

[31] Mcdonald A, Bschaden B, Sullivan E, et al. Mathematical simulation of the freezing time of water in small diameter pipes[J]. Applied Thermal Engineering, 2014, 73(1): 140-151.

[32] HBJ, Martin, Richardson, et al. Modelling of Accelerated Pipe Freezing[J]. Chemical Engineering Research & Design, 2004, 82 (10): 1353-1359.

[33] Sugawara M, Ota T, Yamada E. Pressure Increase with Freezing of Water in a Closed Circular Tube[J]. Transactions of the Japan Society of Mechanical Engineers B, 1983, 49.

[34] Fukusako S, Yamada M. Recent advances in research on water-freezing and ice-melting problems[J]. Experimental Thermal & Fluid Science, 1993, 6(1): 90-105.

[35] OiwakeS, Saito H, Inaba H, et al. Study on dimensionless criterion of fracture of closed pipe due to freezing of water[J]. Heat and Mass Transfer, 1986, 20(4): 323-328.

[36] Gilpin R R. The effects of dendritic ice formation in water pipes[J]. International Journal of Heat & Mass Transfer, 1977, 20 (6): 693-699.

[37] Gilpin R R. The influence of natural convection on dendritic ice growth[J]. Journal of Crystal Growth, 1976, 36(1): 101-108.

[38] Vasseur P, Robillard L. Transient natural convection heat transfer in a mass of water cooled through 4°c[J]. International Journal of Heat & Mass Transfer, 1980, 23(9): 1195-1205.

[39] Takeuchi M. TRANSIENT NATURAL CONVECTION IN HORI-ZONTAL WATER PIPES WITH MAXIMUM DENSITY EFFECT AND SUPERCOOLING[J]. Numerical Heat Transfer Applications, 1978, 1(1): 101-115.

[40] ChengK C, Takeuchi M. Transient Natural Convection of Water in a Horizontal Pipe with Constant Cooling Rate Through 4°C[J]. Journal of Heat Transfer, 1976, 98(4): 581.

[41] Singh R, Mochizuki M, Mashiko K, et al. Heat pipe based cold energy storage systems for datacenter energy conservation[J]. Fuel & Energy Abstracts, 2011, 36(5): 2802-2811.

[42] Khan A N, Muhammad W, Salam I. Failure analysis of bainitic steel pipe - Failed during cold working process[J]. Materials & Design, 2010, 31(5): 2625-2630.

[43] Moore G E, Schmidt A T, Strock D V, et al. Cold pipe expanding apparatus: US, US 2919741 A[P]. 1960. Kraver R A. Electric heating system for controlling temperature of pipes to prevent freezing and condensation: US, US4214147[P]. 1980.

[44] Bronfenbrener L, Korin E. Thawing and refreezing around a buried pipe[J]. Chemical Engineering & Processing, 1999, 38 (3): 239-247.

[45] SadeghA M, Jiji L M, Weinbaum S. Boundary integral equation technique with application to freezing around a buried pipe[J]. International Journal of Heat & Mass Transfer, 1985, 30(2): 223-232.

[46] Xiang-Dong H U, Zhang L Y. Analytical Solution to Steady-State Temperature Field of Two Freezing Pipes with Different Temperatures [J]. Journal of Shanghai Jiaotong University (Science), 2013, 18(6): 706-711.

[47] Brannen W W. Freeze protection system for water pipes: US, US 5058627 A[P]. 1991.

[48] Sumberg A J. Protection of heat pipes from freeze damage: US, US4664181[P]. 1987.

[49] Reed S E, Tillman R W, Wahle H W. Flexible insert for heat pipe freeze protection: US, US5579828[P]. 1996.

[50] Robillard F W. System for freeze protection of pipes: US, US4672990 [P]. 1987.

[51] FredO. System for the prevention of freezing of liquid in a pipe line: US, US1526718[P]. 1925.

[52] Brady W D. Pipe freezing device: US, US 4433556 A[P]. 1984.

[53] Evan T M. System for prevention of pipe freezing: US, US3103946 [P]. 1963.

[54] Hucks L C. Detachable water pipe freeze preventing device: US, US4205698[P]. 1980.

[55] HallR M, Gilbert K C. Pipe freezing apparatus: US, US5680770 [P]. 1997.

[56] HuX D, Chen J, Wang Y, et al. Analytical solution to steady-state temperature field of single-circle-pipe freezing[J]. Rock &. Soil Mechanics, 2013, 34(3): 874-880.

[57] Frank H. Water supply system with a pipe freeze up prevention in an aircraft: US, US 5622207 A[P]. 1997.

[58] HuX, She S. Study of Freezing Scheme in Freeze-Sealing Pipe Roof Method Based on Numerical Simulation of Temperature Field[J]. American Society of Civil Engineers, 2012: 1798-1805.

[59] Yang W H, Huang J H. Numerical Analysis on the Heat Flux Density of a Freezing Pipe with Constant Outer Surface Temperature[J]. Journal of Glaciology &. Geocryology, 2006.

[60] Chen C, Yang W, Zhang T, et al. Study on temperature field of single freezing pipe with constant R temperature around outer surface [J]. Journal of Liaoning Technical University, 2010.

[61] Mcdonald A, Bschaden B, Sullivan E, et al. Mathematical simulation of the freezing time of water in small diameter pipes[J]. Applied Thermal Engineering, 2014, 73(1): 140-151.

[62] James C, James S J. The heat pipe and its potential for enhancing the freezing and thawing of meat in the catering industry[J]. Public Choice, 1999, 113(3-4): 485-488.

[63] Mendenhall B H. Insert for freeze protecting water pipes: US, US6338364[P]. 2002.

[64] Takenakajima T, Nishimura K, Fujiyama M, et al. Nonfreezing pipe: US, US5014752[P]. 1991.

[65] Faccou A L. Swivel pipe joint and means for preventing freezing thereof: US, US3177012[P]. 1965.

[66] Okada M, Katayama K, Terasaki K, et al. Freezing around a Cooled Pipe in Crossflow[J]. Bulletin of Jsme, 2008, 21(160): 1514-1520.

[67] Hu X D, Zhang L Y, Han Y G. An Analytical Solution to Temperature Distribution of Single-Row-Piped Freezing with Different Pipe Surface Temperatures[J]. Applied Mechanics & Materials, 2013, 353-356: 478-481.

[68] Wagner R. Freezer head for pipe freezing devices: US, US6434952 [P]. 2002.

[69] Gibbs R. Apparatus and kit for preventing freezing in pipes: US, US6019123[P]. 2000.

[70] ZhouY, Zhou G Q. Analytical solution for temperature field around a single freezing pipe considering unfrozen water[J]. Journal of China Coal Society, 2012, 37(10): 1649-1653.

[71] Burton, M. J. An experimental and numerical study of plug formation in vertical pipes during cryogenic pipe freezing[J]. University of Southampton, 1986.

[72] Evans D J. Method and apparatus for non-invasively freezing a content of a pipe: US, US6148619[P]. 2000.

[73] Blanke M, Bühling L. Method and device for freezing pipes: EP, EP2081022[P]. 2009.

[74] WardG E. Antifreezing guard for pipes: US, US6932105[P]. 2005.

[75] FLOS ALEXANDER D R, DEICHSEL MICHAEL D R, Georg R. Pipe freezing system for maintenance or repair etc: DE, DE19516454 [P]. 1996.

附录三：

2016 年寒潮对供水系统影响调查报告

摘要：

2016 年 1 月 20 日至 25 日，我国中东部地区自北向南出现大风和强降温的极端天气，多个地区温度降至－10℃以下，并出现大范围雨雪冰冻天气。山东、安徽、广西、云南等地供水设施遭受了严重的灾害和损失，供水管网、水表大面积冻裂，水量漏失严重，对供水安全带来严重的影响，也使供水单元遭受了重大损失。

为了提高供水企业对极端天气的应对能力，加强供水设施抗冻建设，更好地保障用户用水安全，科技委联合设备委在结合县镇委调查结果的基础上，对 12 个省共 172 家水司在 2016 年寒潮中供水系统受影响情况进行了调查。调查结果表明：2016 年寒潮对南方地区供水系统带来严重影响，供水设施需在设计、施工、管理等方面加强抗冻能力。本次调查为各地水司应对极端天气提供参考，努力减少极端天气下供水设施受影响程度和供水单元的损失。

1 前　言

2016 年年初寒潮来袭，我国各地出现大范围雨雪天气。1 月21 日至 25 日，中东部地区自北向南出现大风和强降温；西北地区东部、内蒙古、华北、东北地区南部、黄淮、江淮、江汉、江南、华南及西南地区东部的气温先后下降 6～8℃，华北北部、江南东北部及云南东部和南部等地局地降温幅度达 10～14℃；长江中下游地区的最低气温下降至零下 10℃左右；中东部大部地区出现入冬以来气温最低值，华北北部、长江中下游东部最低气温逼近 1 月历史同期极值。

此次寒潮中我国多个地区供水系统受到影响，尤其是南方地区江苏、安徽、浙江、江西、广西、云南等地，短时间大范围降温，让水表、水管等供水设施进入"速冻"模式，严重冰冻导致多个区域断水，随后气温快速回升，不少供水设施因热膨胀又出现爆裂、渗漏现象。供水设施受损带来严重的经济损失，同时给居民生活和城市生产带来严重影响。

为了解此次寒潮对不同地区供水设施的影响情况，并总结各地区抗冻救灾的经验教训，为之后供水企业应对极端天气提供指导，中国城镇供水排水协会委托科学技术委员会（简称"科技委"）、设备材料工作委员会（简称"设备委"）和县镇工作委员会（简称"县镇委"）联合开展此次"2016 年寒潮对供水系统影响调查"，此次寒潮事件中南方地区供水设施受影响较严重，所以选取的调查对象以长江沿线省市及南方地区省市为主，长江以北的省市选择性地进行调查，包括山东、河南、陕西、安徽、四川、云南、江苏、浙江、湖南、广东、广西和福建 12 个省市。调查的内容包括水源影响情况、供水厂运行影响情况和供水设施受损情况（水表、管道、阀门、消防栓、二次供水设施），同时对水量损失、经济损失、停水停电情况等进行了调查。

2　寒潮对供水系统的影响

本次调查收集了 176 个市（县）级水司的调查结果，根据统计可知，寒潮期间，福建、广东、云南等长江以南地区温度在 $-12\sim-3℃$ 之间，河南、陕西、山东等长江以北省市温度在 $-19\sim-12℃$ 之间。总体上农村比城区受灾严重，山区比平原严重，老小区的供水设施受损严重。具体影响情况如下。

2.1　对水源的影响

寒潮期间对水源的影响主要是水源取水困难以及水质影响两个方面。

2.1.1　多个地区出现低温导致水源地水面冰封的现象，造成取水困难。

2.1.2　冰凌引起管道堵塞、水源地浮标被破坏，造成取水管网受冲击，引起进水水压降低，原水水质也受到影响。

2.1.3　原水管道出现冻住或冻裂现象，导致无法正常输水。如太湖水源地多次出现水面结冰现象，导致江苏多个区域水厂来水量不足，只能采取分时段降压供水，并连续破冰恢复供水。

2.1.4　水源水质受寒潮直接影响情况较少，调查中仅发现山东某水厂由于水库结冰，导致原水中出现厌氧藻，水厂通过投加粉末活性炭和预氯化措施保证出水稳定。

2.2　对水厂运行的影响

寒潮对给水厂的影响主要包括对净水工艺和净水设备的影响。

2.2.1　净水工艺受影响。低温下絮凝过程受到较大影响，寒潮期间絮凝沉淀效果变差、絮凝反应时间增加，水厂需通过增加投药量保证出水稳定性；加氯系统受阻，低温下液氯蒸发量减少，氯瓶结冰严重，加氯管道多处冻坏导致无法加氯。

2.2.2 阀门或泵机受损。江苏、浙江多个水厂的沉淀池排泥阀发生冻住或冻裂现象，影响排泥，部分气动阀门因气体中含水而冻损，影响阀门操作；泵机中加氯增压泵机、加碱泵、泵房二次增压泵机较多冻损。

2.2.3 管道受损。冻损管道包括加氯管道、反应池消防管、粉炭投加管、排泥阀管道、应急投加系统水管等，沉淀池排泥行车虹吸管路易出现冰冻堵塞现象，导致无法正常排泥；多个地区的水厂加矾加氯管出现冻住和冻裂现象，影响药剂投加。水厂设施影响具体情况如附表3-1所示。

<table>
<tr><td colspan="5" align="center">给水厂设备故障一览表　　　　　　附表 3-1</td></tr>
<tr><td>设施</td><td>设备</td><td>故障原因</td><td>产生影响</td><td>解决措施</td></tr>
<tr><td rowspan="3">沉淀池</td><td>排泥阀</td><td>冻裂</td><td>无法排泥</td><td>及时堵漏</td></tr>
<tr><td>虹吸管路</td><td>冰冻堵塞</td><td>无法排泥</td><td>加热融化</td></tr>
<tr><td>排泥管</td><td>冻裂</td><td>无法排泥</td><td>更换</td></tr>
<tr><td>絮凝池</td><td>絮凝反应</td><td>絮体小、形成慢</td><td>絮凝效果差</td><td>增加投药量</td></tr>
<tr><td rowspan="2">加药系统</td><td>加氯管道</td><td>冻裂</td><td>无法加氯</td><td>增加临时设备</td></tr>
<tr><td>加碱泵</td><td>冻坏</td><td>无法加碱</td><td>采用管道泵加</td></tr>
<tr><td>炭滤池</td><td>粉炭投加管</td><td>冻裂</td><td>出水浊度升高</td><td>更换</td></tr>
<tr><td>虹吸滤池</td><td>虹吸支管</td><td>冻住</td><td>无法正常过滤</td><td>加热融化</td></tr>
</table>

2.3 对管网系统的影响

多个地区的供水管网在此次寒潮中受到严重破坏，水表、管道、阀门和消防栓等设施大面积冻裂或爆裂，其中主要受损设施为水表和管道。

水表受损情况：①单个水司的水表受损量最高达 72665 个，

每个水司平均受损水表个数为 11784 个；②受损水表主要是出户普表，埋地表损坏较少；③水表的损坏按冻住和冻裂两类进行统计，各水司的水表受损以冻裂为主，冻裂水表占总受损水表的比例平均为 85.7％；④单个水司的水表冻裂个数最高为 71324 个，每个水司平均冻裂数为 10632 个，单个水司的水表冻住个数最高为 15566 个，每个水司平均冻住数为 2912 个。各水司受损水表个数分布情况如附图 3-1 所示。

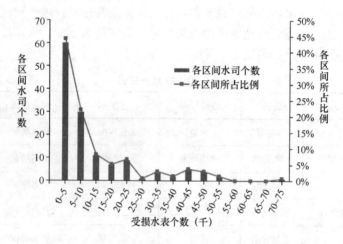

附图 3-1　各水司水表受损量分布情况

管道受损情况：①单个水司的管道受损量最高为 26457 处，每个水司管道受损平均为 1964 处；②相对于球墨管和水泥管，钢管和塑料管受损情况最严重；③损坏管道以明装管为主，埋地管受影响较小；④支管、入户管和墙立管受寒潮影响较大，主干管受损较少；⑤相对于管体，管道接口受冻较严重。各水司受损管道量分布情况如附图 3-2 所示。

阀门和消防栓等受损情况：①单个水司的阀门受损数量最高为 7607 个，每个水司平均受损阀门数为 1157 个，各水司受损阀门量分布情况如附图 3-3 所示；②中消防栓受损数量最高为 500

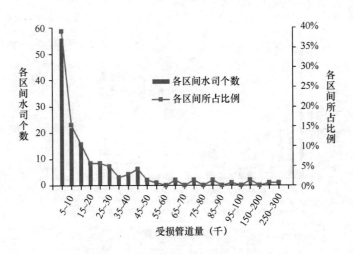

附图 3-2　各水司管道受损量分布情况

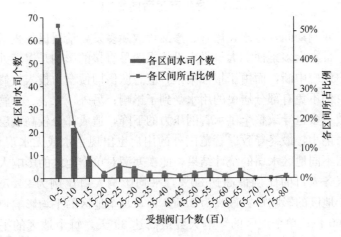

附图 3-3　各水司阀门受损量分布情况

个，每个水司平均受损消防栓数为 48 个，各水司受损消防栓量
分布情况如附图 3-4 所示。

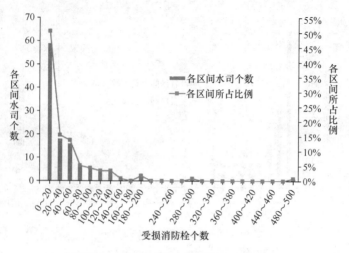

附图 3-4　各水司消防栓受损量分布情况

2.4　对生产生活的影响

寒潮期间，停水、爆管、渗漏等故障多发，给居民的生活和生产带来众多不便。大量供水设施损毁最直接的影响是爆管处的用户供应中断，而由于报修集中，应急队伍即便全力投入抢修工作，仍不免有部分居民的用水受到了影响；另外，水表、水管漏损数量多也导致整个供水管网压力的下降，造成部分较高楼层的压力偏小，最终导致爆管范围外的用户也出现小水或无水现象。根据不同地区水司的统计结果，此次寒潮对单个地区的影响人口占服务人口的比例最高达 80%，平均影响人口比例为 24.7%；单个地区的影响户数最高为 33500 户，每个地区的平均影响户数 17760 户；单个地区的影响天数最高达 39 天，每个地区的平均影响天数为 14 天。

本次寒潮造成严重的经济损失，主要包括通信费、餐费、医药费、加班费、材料费、人工费、工具费等，供水受损引起的材料费是直接经济损失，由此引起的人工费、水费、工具费等为间接经济损失。单个水司的经济损失最高达 1950 万元，每个水司的平均经济损失为530.8万元，单个水司的供水设施受损造成的直接损失最高达1500万元，每个水司的平均直接损失为383万元。供水设施受损是造成经济损失的主要原因，各水司中供水设施造成的经济损失均以水表和水管受损为主：①水表导致的经济损失占直接损失的比例平均为53%，单个水司水表造成的经济损失最高达261.3万元，每个水司水表造成的经济损失平均为41.6万元；②管道造成的经济损失占直接损失的比例平均为37.1%，单个水司管道造成的经济损失最高达421.6万元，每个水司管道造成的经济损失平均为64.7万元；③闸阀等设施所受影响较小。

供水设施受损也会引起水资源浪费、道路设施破坏、人身财产出现隐患等连锁性反应，本次寒潮中水量漏损情况严重，低温天气造成近郊大量输水管冻结冻裂，再加上天气回暖以后，因寒潮结冰的自来水管道、闸阀开始解冻，有些之前没有破裂的水管也会出现裂口漏水，所以部分水司出现了明显的水量漏损情况，单个水司的水量漏损最高达300万吨，每个水司的平均漏损量为69.92万吨。水量漏失率最高达59%，每个水司平均漏失率为33.4%。

3 抗灾救灾工作的开展

此次寒潮中，各地区的供水系统受到极大的破坏，居民生活和城市生产受到严重影响。为恢复供水，应对雨雪冰冻下不断发生的水表、水管冻住冻裂现象，减少对用户用水的影响，各地积极投入抗冻救灾行动中，紧急开展各项工作，保障供水的稳定与安全。

3.1 应急方案的启动

3.1.1 面对寒潮来临，地区水司第一时间召开工作会议，启动地区雨雪天气供水设施应急措施和预案，供水单位在当地政府的统一领导下，成立领导小组并按照政府部署要求，分配好应急抢险处置工作，做好抗灾准备。

3.1.2 发动广大群众积极开展自救和互助工作。在极端低温下，由于缺乏流动性，住宅小区的供水管道在夜间极易发生管道冻结。研究表明，完好的防冻包扎可以有效地缓解居民小区管道结冰问题，但在长时间低温情况下，则需采取水体流动、辅助加热等措施避免管道完全冻结[1]。各地水司通过函告、微信、短信、论坛等方式，广泛宣传防冻保温措施，提醒用户做好防冻措施保障正常用水，尽可能减少寒潮天气下供水设施受损的发生，同时派遣水务员工深入各居民区宣传普及水表防冻防爆知识。

3.2 防冻工作的开展

各地水司积极组织职工开展供水设施的防冻保温工作，减少寒潮期间供水设施受损可能性，力保正常生产供水。

3.2.1 设施防冻检查。组织员工开展室外、走廊和井池等部位的管道、阀门等制水生产设施的防冻检查；对裸露在外的水表和管道进行保温处理；对环境温度要求较高的仪器仪表和模块进行关闭门窗等防风处理。对阀门井、设施井可采用草袋子等保暖物品覆盖或可增加一层聚氨酯泡沫板，做成双层井盖保温。

3.2.2 设施防爆措施。随时跟踪管网信息压力平台，合理调整出厂水压力，保持管网压力平衡，最大限度地减少爆管情况发生；对未发现的主供水管道慢漏，逐步测漏，发现漏点及时维修。对结冰水表计量是否准确，仔细观察比较，及时更换。

3.3 应急抢修工作的开展

各地水司均组织加强了抢修队伍，并加强了人力、材料、设备、车辆的组织、调度和配备，加大了供水管网和管道测漏巡查力度，加大了水表维修更换力度，确保抗冻救灾工作有条不紊地开展。

3.3.1 收集应急信息。为保障供水热线传达及时、信息准确，水司临时增加多条客服热线，及时接听用户来电（访）掌握灾情、上报灾情，为指挥部调度提供信息，统一科学有序安排抢修。对排查出来的问题，及时汇总，做好统计，在上级相关部门的统筹指挥下，配合各物资及维修部门处理故障报修。

3.3.2 开展抢修工作。水司投入大量人力、物力和财力积极抗冻救灾，为保证及早通水，抢修所需物资基本由供水单位承担，实现快速有效的调用；且各水司均临时增补人员扩大应急队伍，各水司的应急人数为 20～400 人，每个水司平均应急人数为 88 人。

抢修首先是保证受损管道和水表的修复：安排工作人员深入到辖区内的居民小区、公共场所，对所有供水设施进行再一次的地毯式排查，摸清冻损情况，现场处置漏水、无水问题。备足抢修器具、车辆、人员，组织抢修队伍进行防冻抢修，做好抗灾救灾施工现场工作的信息登记和反馈，及时掌握漏情。24 小时全天候组织抢修，确保在最短时间解决通水问题。

保障水厂生产供水：在寒潮期间部分地区水源地冰冻导致取

水困难、水厂生产设施受冻、停电或电压不稳等现象，为确保供水，水司对受冻水源进行紧急破冰处理，对受损设施采用备用设施代替，停电情况下启动无电供水措施，保证生产供水及时恢复。

保证用户用水：面对管网受损、消防栓受损、供水水压不足等问题，供水企业采取多个方式保证用户用水，一是对低压区域实行布点供水，二是对无水居民区组织水车送水，三是对个别管道难以抢修的地区，采取铺设临时主管的方法，保证用户尽快用上自来水。

4 冻灾受损原因

供水设施受冻原因包括内因和外因：内因是融沉、冰冻、供水主管冻裂和地基土冻涨等自然规律产生的破坏作用，外因是设计不合理、施工不规范和管理不到位等人为原因。此次寒潮中，调查地区最低温普遍低于－3℃，而管道供水在温度处于－3～0℃时，发生冰冻的几率最大，当供水系统管道处于暴露环境中，降温过程中由于金属比塑料导热系数大得多，所以金属的阀门、水表部分的水先于管道部位的水发生冻结，最终导致整个系统全部冻结。

此次寒潮中各地区供水单位积极开展应急工作，但是各地区供水仍受到不同程度的影响，部分地区供水设施受损严重，居民生活生产受到影响，并造成了严重的经济损失。主要原因如下。

4.1 预警预测能力不足

供水系统冰冻损害具有气象性特点，即气温变化越大、低温越极端，冰冻延续的时间和造成的损害越严重，恢复性越差。此次寒潮发生突然，预警信息有限，导致供水单位对寒潮可能造成的灾害性估计不足，同时由于缺乏相关抗寒经验，供水部门和市民对严寒的准备不足，导致对供水设施的保温措施不到位。

另外，此次寒潮表现出"速冻速暖"的特点，即温度骤降至零度以下，但两天内温度又迅速回升零度以上。温度的急剧变化对水表、水管、闸阀等供水设施造成严重的破坏，也给应急工作带来极大的挑战。

4.2 设施抗冻能力差

一是设计、安装时未考虑防冻措施。供水设施发生冻住或冻裂的风险与概率，与所处高度、位置、建筑朝向、建筑围护结构、有无绝热措施等有关[2]。根据国家对"一户一表"的要求，水表安装要出户，设计时大部分水表裸露在室外，没有表井或表箱，配水支管道大部分悬空外露或埋深0～0.3m，无保温层，不具备抗冻条件[3]。此次调查中发现，水表受冻严重的主要是挂于外墙又缺少保温措施的水表，埋地表情况较好。管道安装时由于露天铺设，受紫外线和气温影响，管材性能变化，加上极端连续低温、埋深较浅、裸露在外保温不好和高层管道井内立管出现大范围的爆管现象。

另一方面是供水设施水平低。此次寒潮中很多老旧小区的管道受损非常严重，老旧管道尤其是灰口铸铁管和旧钢管由于使用年限长，均出现不同程度的老化、锈蚀、结露等问题，导致管道的强度降低，而供水单位对供水设施没有定期进行维护、巡查、更换老旧管，所以导致冰冻天气管道大量冻裂[4]。县级水司的管网漏点也多集中在这几年推进城乡供水一体化中刚接收的近郊农村，这些输水管道材质差、口径小、陈旧并埋设深度比较浅，同时大都铺设在路边、田埂、河塘旁，容易发生低温冻损。

4.3　应急措施不足

此次寒潮中各供水单位紧急增加了抢修热线，抢修队伍全面进入紧急抢修状态，但是部分地区仍出现抢修不及时导致用户不满的现象，有的地区发生停电导致长时间、大面积停水事件，有的地区则出现抢修设备和材料供应不足（如水表、发电设备、车辆）等问题，均暴露了当前供水单位应急处置能力的不足[5]。

5　现有防冻抗冻技术标准

目前关于供水系统防寒抗冻的技术标准较少，国家住房和城乡建设部发布的《城市供水系统防冻抗冻技术措施》对居民防冻知识、水厂和输配水管线防冻措施进行了规定，在严寒天气（−3℃以下），居民和供水单元应从多方面做好供水设施抗冻工作。

《室外给水设计规范》GB 50013 规定寒冷地区的净水构筑物宜建在室内或采取加盖措施，以保证净水构筑物正常运行。《给水排水管道工程施工及验收规范》GB 50268 规定最冷月平均气温低于−3℃的地区，露明的钢筋混凝土管道应具有良好的抗冻性能，抗冻等级不低于 F200。《给水排水工程构筑物结构设计规范》GB 50069 中规定水处理构筑物宜设地下式，严寒地区如按地面建造宜设保温设施。现行建筑设计规范规定给水管道的覆土深度应根据土壤冰冻深度和管材等确定，根据《建筑给水排水设计规范》GB 50015 中规定，室外给水管道管顶最小覆土深度不得小于土壤冰冻线以下深度 0.15m。根据《给水排水设计手册》及《供暖通风设计手册》，北京市最大冻土深度为 0.85m，延庆县最大冻土深度 1.15m。

2008 年雪灾后，住房和城乡建设部组织专家开展了"南方雨雪冰冻灾害地区建制镇供水设施灾后恢复重建技术研究"，并印发了《南方雨雪冰冻灾害地区建制镇供水设施灾后恢复重建技术指导要点》，对灾后重建的技术要点进行说明，内容包括取水工程、处理设施、输配设施、运行管理和应急预案，对受损设施的重建、遗留风险的预防、未来极端天气应对机制等提出指导意见[6]。

广西针对桂北地区及广西高寒山区的供水系统编制了《桂北地区城镇供水防寒抗冻技术规程》，对供水设施设计、施工、验收、运行、维护管理、预警及应急等过程中设施的抗冻防冻措施提出了全面的要求。

综合已有规程可知，现有标准对于冰冻灾害均未明确定义，在供水系统重建方面，也未对水表的安装、水管的铺设等提出具体的操作说明，且目前南方地区多以－4～－3℃作为供水设施的防冻标准，此次寒潮中地区温度普遍降低至－3℃以下，所以对供水设施防冻有必要提出更高的要求。

6 防冻抗冻措施建议

2008年雨雪冰冻灾害后，各地区开始重视供水设施的防寒抗冻建设，2016年寒潮虽然时间没有2008年雨雪灾害长，但是温度低、寒潮强度大，所以部分地区供水系统仍受到严重影响。为建立健全冬季冰冻灾害天气时期，城市供水应急处置运行机制，提高冰冻灾害天气城市供水抗冻救灾能力，最大限度地减少冰冻自然灾害造成的危害，结合此次调查结果，我们需总结经验教训，为提高我国供水系统在恶劣天气下抵御低温冰冻天气能力提供指导意见。

6.1 防冻抗冻体系建设

6.1.1 建立灾害预警机制。对冰冻灾害的预警不准确不及时，会导致抗冻准备工作的不足。有效的预警系统可以及时提供有效信息，从而便于有关机构部分根据不同程度的风险做出相应的应对措施[7]。所以需建立冻灾的预测和预警机制，包括监测预警、风险分析、问题分析、决策和组织实施等方面，完善国家和地方气象监测网络，组织跨地区、跨部门的联合监测，完善冰冻灾害监测预报系统，提高极端天气预报的准确性和时效性[8]。

6.1.2 完善地方应急机制。应切实落实地方供水安全应急措施，健全应急指挥机构，建立技术、物资和人员保障系统。一是加强宣传培训，对供水管理人员开展防冻抗冻培训，提高防冻意识和掌握抗冻措施，对市民积极宣传水表水管防冻知识，在冰冻灾害来临前做好设施保温工作；二是强化应急保障，切实落实领导小组、供水热线、抢修队伍等人员建设，落实抢修设备和物资的保障。对供水系统冰冻灾害应急做好全面的应急工作，形成有效的预警和应急救援机制[9]。

6.1.3 完善灾后恢复体系。为尽快居民的生产生活，地方水司应有健全的灾后恢复体系，尽快恢复正常供水。灾后恢复能力体系的建立包括提高应急物资生产、储备、配送，加快电力基础设施恢复等，应切实落实地方供水安全应急措施，健全应急指挥机构，建立技术、物资和人员保障系统，形成有效的应急救援机制[10]。

6.2 防冻抗冻措施

6.2.1 增加防冻设计规范标准。在设计中应收集更长时间范围的极端气候条件，提高对极端气温的防护等级。进户水管水表应尽量安装在避风或较为封闭处，不宜在露天中，可设置水表集中室内间和进户水管井。主供水管道尽量埋设在地下，支线管道尽量安装在室内，管道接口受损严重，所以提高焊接质量也很关键[11]。水表井、闸阀井等选择合适的位置，并用砂土保温。北方地区一般把立管、水表、水箱等设施安装在室内，且大多城市具有集中供暖的设施，所以此次寒潮中北方城市供水系统相对受损较不严重[12]。

6.2.2 提高供水设施抗冻要求。加强对供水设施抗冻性能、保温材料的研究。室外总表和住宅分户水表宜采用干式水表；有计划地更换老旧管网，PVC管和铝塑管、钢塑管不耐寒、易脆、易裂，新（改）建管网、寒冷地区管道宜选用导热系数低、管壁厚度大的管材，如PE管、PP-R管、球墨铸铁管、双金属复合管（如内衬不锈钢复合钢管）等。

6.2.3 定期检修供水设施。供水冰冻损害具有隐蔽性特点，损害发生时一般难以当时就被发现，造成侵害的范围和部位也无法及时全面了解到，给预后带来一定困难。所以必须提前做好阀门、管道、消防栓及供水设施的检修，确保大冻期间正常供水。并建立专职漏水检测部门，配备检漏仪，及时发现管道暗漏点。

6.2.4 增加保温措施。组织工作人员做好巡检，开展室外、走廊和井池等部位的管道、阀门等制水生产设施的防冻检查，对防冻保温措施不到位的及时发现并做好保温措施。在水表箱内填黄砂是较经济实用的办法，管道可通过保温冶棉进行外保温。对裸露在外的管道、消防栓、供水机械设备、加药加氯进行了防冻保暖措施，对易滑的沉淀池、平流池、滤池等部位走道铺设防滑垫，加强制水工艺处理，强化水质监测。

6.3　供水保障强化措施

6.3.1　建造城间管线。冻灾天气下易发生断水事件，建立城间管网可减少完全停水事故的发生，目前大城市向周边农村发展，周边原来的小城镇规模不断扩大，给建造城间管线创造条件。

6.3.2　储备应急抢修物资。提前储备管网及设施抢修常用必需材料的储备工作，及时调配维修材料和水表备用，做好应急自发电准备工作，保障在高数量的换表、抢修情况下，物资供应充足，及时恢复供水。

6.3.3　采用双电源、双回路供电。双电源、双回路供电可避免因停电引起的停水，造成供水系统冻坏。根据冬季用水量变化情况，对供水单元各个加压泵站的供水压力进行调整；同时，对各水厂进行普查，保证用户用水质量[13]。

附录三 参考文献

[1] 俞宙．居民住宅自来水管道防冻的研究[J]．河务科技，2016，16：255-257

[2] 周若涵，束旸．夏热冬冷地区住宅供水冰冻损害分析与预防[J]．安徽建筑，2014，5，296-299.

[3] 王骏骊，吴军胜，杨钧．控制低温冰冻天气对供水管网影响的措施[C]．供水行业管网检漏技术交流研讨会，2008.

[4] 姜忠群，彭硕佳．老旧小区水专项整改对策[J]．建筑技术开发，2016，43(5)：122-124.

[5] 贺春祥．湖南省城市供水系统抗冰救灾工作情况汇报[J]．城镇供水，2008，8：19-20.

[6] 建设部南方雨雪冰冻灾害地区建制镇供水设施灾后恢复重建技术指导要点编写组．南方雨雪冰冻灾害地区建制镇供水设施灾后恢复重建技术研究[J]．给水排水，2008，34(6)：1-3.

[7] 沙金霞．城市供水预报与应急调度技术研究及应用[D]．中国水利水电科学研究院，2014.

[8] 李咏涛，邢涛．雨雪冰冻灾害与城市运行[J]．科技智慧，2008，46-61.

[9] 单军，王志丹．北京市村镇供水设施冻害防治措施[J]．北京水务，2011，6：52-54.

[10] 程建军，刘建军，刘焕芳．市政基础设施抵御低温冰冻灾害对策研究[J]．低温建筑技术，2009，6：6-9.

[11] 谢绍正，卢群展，杨舒灵．寒潮期间供水管网事故分析和防治建议[J]．中国给水排水，2009，6(25)：1-4.

[12] 李传志，刘友荣，张忠．武汉地区居住建筑给水防冻设计措施与对策[J]．给水排水，2008，34：14-16.

[13] 王永金，王增考．南方雨雪冰冻灾后对供水系统设计的思考[J]．西南给排水，2008，30(5)：9-10.

附录四：

合肥供水集团冬季防寒抗冻专项应急预案

1 总 则

1.1 目 的

为了保障冬季制水生产设备设施、供水管网设施的安全运行，将冬季低温冰冻天气等自然灾害对城市供水的影响降到最低点，防止供水重大事件发生，确保城市生产、生活用水的供应，为广大用户提供优质服务，结合集团公司工作实际，特制定本预案。

1.2 适 用 范 围

1.2.1 本预案适用于集团公司所有制水生产设备设施、供水管网设施的冬季防寒抗冻工作。

1.2.2 各子公司应根据本单位工作实际，参照制定冬季防寒抗冻专项应急预案。

1.3 工 作 原 则

1.3.1 预防为主，防治结合；

1.3.2 统一指挥，分级负责；

1.3.3 统筹规划，高效协调；

1.3.4 快速反应，科学应对。

2 事件分级及风险描述

按照冬季制水生产设备设施、供水管网设施冻损事件的可控性、严重性和影响范围，冬季防寒抗冻事件分为一般突发事件（Ⅲ级）、较大突发事件（Ⅱ级）和重大突发事件（Ⅰ级），事件风险描述见附表 4-1。

冬季防寒抗冻事件分级表   附表 4-1

事件等级	事件风险描述
一般突发事件（Ⅲ级）	最低气温处于 $-5 \sim 0℃$ 之间发生的制水生产设备设施、供水管网设施冻损事件，受损范围小、数量少，对生产生活影响小的事件，仅需各水（源）厂或辖区供水所处置即可
较大突发事件（Ⅱ级）	最低气温处于 $-10 \sim +5℃$ 之间，或最低气温虽在 $-5 \sim 0℃$ 之间，但持续时间较长，发生制水生产设备设施、供水管网设施冻损事件，受损范围较大、数量较多，对生产生活影响较大的事件，需集团公司各相关部门联动处置
重大突发事件（Ⅰ级）	最低气温处于 $-10℃$ 及以下，或最低气温虽在 $-10 \sim -5℃$ 之间，但持续时间较长的极端天气，造成制水生产设备设施、供水管网设施冻损事件，受损范围大、数量多，对生产生活影响大的事件，需集团公司各部门联动应急处置

3 应急组织机构及职责

3.1 防寒抗冻应急抢险分级处置图

防寒抗冻应急抢险分级处置图见附表 4-2。

防寒抗冻应急抢险分级处置图　　　　　　附表 4-2

事件等级	防寒抗冻应急抢险分级处置图
一般突发事件 （Ⅲ级）	各应急抢险队
较大突发事件 （Ⅱ级）	防寒抗冻应急抢险指导小组 ├── 各应急抢险队 └── 应急保障支援小组
重大突发事件 （Ⅰ级）	防寒抗冻应急抢险中心指挥部 ├── 各应急抢险队 └── 应急保障支援小组

3.2 防寒抗冻应急抢险中心指挥部

在发生Ⅰ级重大突发事件时应成立防寒抗冻应急抢险中心指挥部。

3.2.1 人员组成

第 一 指 挥：董事长

指　　　挥：总经理

常务副指挥：公司分管安全生产工作领导

副　指　挥：分管领导

成　　　员：各部门主要负责人。

3.2.2　主要职责

（1）第一指挥、指挥主要职责

1）统一指挥和协调Ⅰ级冬季供水重大突发事件应急准备、应急响应、应急处置及恢复等各项工作；

2）发布事件应急响应的启动和终止命令；

3）向上级部门报告事件情况或请求援助；

4）布置修订冬季防寒抗冻专项应急预案工作。

（2）常务副指挥、副指挥主要职责

1）常务副指挥牵头落实应急抢险中心指挥部布置的各项工作；

2）协助指挥事件应急准备、应急响应、应急处置及恢复等各项工作；

3）紧急调集应急人员、装备和物资；

4）协调应急救援期间所分管的各单位和组织队伍的运作；

5）组织修订冬季防寒抗冻专项应急预案。

（3）指挥部成员主要职责

1）负责应急值守，及时向应急抢险中心指挥部报告事件信息，传达应急抢险中心指挥部关于事件处置工作的指示；

2）负责本单位、部门应急工作的日常管理，落实应急抢险中心指挥部部署的各项任务；

3）检查并控制事件处置时的应急资源供应状况，确保有充足的物质资源和人员参与事件救援与处置行动；

4）根据事件情况向现场工作人员提供相关信息和配备相关防护设备；

5）适时组织应急预案演练。

3.3　防寒抗冻应急抢险指导小组

在发生Ⅱ级较大突发事件时应成立防寒抗冻应急抢险指导

小组。

3.3.1 人员组成

组　长：安委办主任

成　员：各部门主要负责人。

3.3.2 主要职责：

（1）应急抢险指导小组组长主要职责

1）统一指挥和协调Ⅱ级较大突发事件应急准备、应急响应、应急处置及恢复等各项工作；

2）发布事件应急响应的启动和终止命令；

3）向集团公司主要领导汇报应急救援相关情况。

（2）应急抢险指导小组成员主要职责

1）负责应急值守，及时向应急指导小组报告事件信息，传达应急指导小组关于事件处置工作的指示；

2）负责本单位、部门应急工作的日常管理，落实应急指导小组部署的各项抢险应急任务；

3）检查并控制事件处置时应急资源供应状况，确保有充足的物质资源和人员参与事件救援与处置行动；

4）根据事件情况向现场工作人员提供相关信息和配备相关防护用品。

3.4　应急抢险队

3.4.1 人员组成

队　长：各单位主要负责人

队　员：各单位处置人员

3.4.2 主要职责

（1）应急抢险队队长主要职责

1）统一协调、指挥、部署本单位防寒抗冻的应急处置、抢险救援、恢复等各项工作；

2）发布事件应急响应的启动和终止命令；

3）制定实施应急处置的具体措施；

4）负责冻损事件（特别是重点、大面积、敏感事件）应急信息的核实并及时向上级报告处置情况；

5）执行集团公司下达的冬季防寒抗冻应急处置相关指令。

（2）应急抢险队队员主要职责

1）执行本单位防寒抗冻应急抢险队下达的应急处置指令；

2）处理各类现场应急抢险任务；

3）负责联系有关部门及用户，做好供水服务工作；

4）负责抢险现场的安全监护工作；

5）负责填写抢险记录。

3.5 应急保障支援小组

在发生冬季制水生产设备设施、供水管网设施发生冻损事件后，由办公室（团委）、安全保卫部（武装部）、安徽科源（信息中心）、后勤中心等相关部门工作人员联合成立应急保障支援小组，对人员、车辆、设备（含通信）、材料和应急所需安全防护用品及生活物资进行应急保障支援工作。

3.5.1 主要职责

（1）办公室（团委）负责"贴心小棉袄"话务服务人员的应急支援。

（2）后勤中心负责公司大院内各抢险单位的物资和生活保障以及各应急处置小组的车辆补充调配。

（3）安徽科源（信息中心）负责做好紧急扩充话务线路的支援准备及信息网络运行保障。

（4）安全保卫部（武装部）负责做好现场抢险人员安全防护用品的支援和安全防护措施指导和监督。

4 预防管理及预警

4.1 预防管理

4.1.1 "冬病夏治"

（1）管网营运公司通过"贴心小棉袄"热线电话记录等数据来源，统计上一年度供水管网设施冻损情况并作出分析得出结论，督促各供水区所制定整改计划。

（2）供水区所根据结论每年10月前制定供水管网设施防冻整改计划，报管网营运公司汇总审核，经集团公司批准后，于次年委托施工单位在11月份前完成整改；对一些防冻隐患较大的设施，在报经集团公司同意后立即实施。

（3）供水区所对上一年度冻损的供水设施优先进行整改。

4.1.2 冬季前预防

（1）制水公司负责水（源）厂的防冻预防工作指导及监督落实情况。每年11月中旬开始对各水（源）厂制水生产的防寒防冻计划和落实情况进行检查，检查的重点应是历年易冻损的生产设施。

（2）水（源）厂负责本单位防冻措施的落实。各水（源）厂每年11月中旬前制定本厂防冻计划，从材料、设备、人员等多方面部署冬季制水生产防冻应急抢修工作，确保第一时间处置并修复冻损生产设施，保障安全生产，确保不发生一起因抢修不及时造成的制水生产安全事件。

1）11月下旬至次年2月下旬，各水厂、加压站原材料库存量按上限储备；

2）11月底前准备充足的防寒防冻物资，包括电加热带、防冻液、麻袋片、草帘等。

3）管网营运公司负责供水区所防冻预防工作指导及监督落

实情况。督促供水所落实职责范围内供水管网及设施的防冻管理、维护工作，确保辖区内供水设施安全；编写防冻宣传材料报品牌战略部（宣传部）审核后印刷。

4）供水区所负责辖区内供水设施防冻措施的落实。在10月底前完成责任区易冻损供水管网及设施普查，对排查出的隐患，及时改造，消除隐患；同时将普查出的户表箱门损坏清单报管网营运公司，管网营运公司审核后负责户表箱门施工的招标和比价工作，供水区所负责施工协调和质量把关验收工作，管网营运公司对工程完成情况进行审核监督。

5）营销公司负责统计户表箱及水表等供水设施损坏情况。在10月底前，要求抄表员统计户表箱的门锁、保温材料、箱体、水表以及水表前后阀损坏情况并报供水区所，供水区所立即予以整改。

6）三欣公司负责应急水表和防冻物资的保障。在11月底前要储备足够数量的各种口径水表（配备标准见附件1），并与水表供应厂家协商做好应急供应准备。

4.1.3 防冻宣传

（1）品牌战略部（宣传部）做好冬季防寒抗冻宣传工作。通过媒体对公司官网、媒体对接会（发布会）、电视台、广播电台、报纸、微信公众号、微博、博客等平台宣传防冻常识。特别对易冻高层小区和老旧小区、易上冻供水设施做好防寒措施的宣传，使市民了解一些基本的冬季用水设施防冻常识，如："穿衣戴帽"、"滴水成线"、"关闭门窗"、"排空设施"、"温水解冻"。

（2）营销公司抄表员在11月、12月、1月抄表、催费工作中提醒市民做好自家防冻工作，避免大面积水表及管道冻坏事件的发生。

（3）供水区所在可预见低温来临前，应全体动员，最大范围地张贴冬季防冻温馨告示等宣传材料。

（4）办公室（团委）利用周末组织"贴心小棉袄"进社区服务，宣传冬季防冻相关知识。

4.1.4 寒潮前预防

（1）各水（源）厂制水生产、维修人员在气温低于 0℃ 时，应增加对本单位生产重点部位的巡视、检查。

1）对于室外裸露原材料投加管线、阀门、消火栓、厂区自用水管线，需使用保温材料进行缠绕裹紧，背阴处的制水生产设施应加厚绑扎，从而起到隔潮、保温、防寒作用。

2）滤池（有虹吸管）反冲洗后，应及时将虹吸管等处的水排净，防止上冻。

3）对于长时间不用的水泵等设备应做好排水工作，防止冻裂。

4）沉淀池在水面结冰时应及时进行破冰。

5）在遭遇特别严寒时，如有半开半闭等未全开启的阀门，通过采取降低药剂浓度等措施，阀门尽量开大或全开，增加加药管、局部清水管内流速，保证管道内不冻结。并适当加大重点取水监测点等部位的水龙头开度，确保正常制水生产。

6）泵房、配电房、加药间等重要岗位应确保门窗完好无损坏并关闭。

（2）供水区所根据天气预报，在寒潮到来之前对可能冻损的供水管网及设施做好保温防护措施。

1）裸露的排气阀等设施应采用草绳、保温板等加以包裹。

2）过桥、明敷、悬吊管道的挂件应检查保持牢固，且无滴漏。

3）加大巡检频次，保持供水窨井、消火栓完好，无明漏现象。

4）对大口径输水管道、易漏管道、地铁站点和沿线管道、桥梁附近管道、钢筋混凝土部位管道以及其他重要敏感管道应进行检漏排查。

5）户表箱内安放保温板并用胶带封堵户表箱门缝等，同时备齐各类抢修、防冻物资。

（3）三欣公司

1）未安装水表通水的工程，应将供水立管中积水排净；应先完成水表箱的砌筑和墙洞的封堵后，方可安装水表。

2）已安装水表通水的工程（未移交），应将安装在外墙的水表箱内加装保温板，并锁紧表箱门；在完成水表保温包裹后，方可通水。

3）市政通水管道工程，应加强对未及时回填深基坑、井口和现场材料堆放场地的安全维护、未移交管网巡检，发现漏点，及时报告并组织抢修。

（4）办公室（团委）在冬季寒潮到来前适时组织团员充实应急话务人员队伍并进行应急接听业务培训。

4.2 预 警

根据天气预报进入预警期，各相关单位根据不同预警做好相应准备工作，预警等级判定及发布见附表4-3。

预警等级判定及发布表 　　　　附表 4-3

预警条件	预警等级	预警发布人	预警发布范围
最低气温处于－5～0℃之间，符合一般突发事件（Ⅲ级）	黄色预警	应急抢险队队长	水（源）厂、管网管理部门
最低气温处于－10～－5℃，或最低气温虽在－5～0℃之间，但持续时间较长，符合较大突发事件（Ⅱ级）	橙色预警	应急抢险指导小组组长	在企业内发布，必要时可通过媒体向社会发布
最低气温处于－10℃及以下或最低气温虽在－10～－5℃之间，但持续时间较长，符合重大突发事件（Ⅰ级）	红色预警	应急抢险中心指挥部第一指挥或指挥	在企业内发布，并通过媒体向社会发布，同时报政府主管部门

4.2.1 黄色预警

根据天气预报，当气温即将下降至0℃以下，各相关单位、部门应做好启动冬季防寒抗冻专项应急预案预警，组建应急抢险队，在人员、抢修材料、机械设备、车辆的配备等方面做好应急准备，以便快速有效地实施应急处置工作。

4.2.2 橙色预警

（1）根据天气预报，当气温即将下降至−5℃以下或者最低气温虽在−5～0℃以内，但持续时间较长，各单位、部门应立即组建应急抢险队，相关部门成立应急支援小组，在人员、抢修材料、机械设备、车辆配备等方面做好应急准备，以便快速有效地实施应急处置工作。

（2）制水公司、水源厂、水厂做好制水生产物资储备。

（3）呼叫系统一级、二级平台相关单位做好应急准备。

（4）安徽科源（信息中心）对呼叫系统、调度系统及合肥供水智慧水务平台进行巡检维护，保障正常使用。

4.2.3 红色预警

当气温持续下降至−10℃以下，或在−10～−5℃以内，但持续时间较长，在做好二级橙色预警的基础上：

（1）办公室（团委）组织团员青年成立"贴心小棉袄"话务服务应急队伍。

（2）抢修中心 24 小时待命，准备 DN100 以上管道抢修工作。

（3）客户服务中心做好启动临时热线准备，并安排专人负责做好前来业务大厅现场报修用户的相关工作。

（4）管网营运公司成立两个应急处置小分队，处置前来业务大厅用户的报修工作。

5　应急响应及处置

5.1　响应分级

事件等级与响应分级见附表 4-4。

事件等级	响应分级
一般突发事件（Ⅲ级）	Ⅲ级响应
较大突发事件（Ⅱ级）	Ⅱ级响应
重大突发事件（Ⅰ级）	Ⅰ级响应

5.2　险情判断和响应启动

根据天气情况以及制水生产设备实施、供水管网设施的冻损程度，受损范围及数量，对居民生活影响程度，判断应急响应级别。

Ⅲ级响应：由各基层防寒抗冻应急抢险队宣布启动响应。

Ⅱ级响应：由集团公司防寒抗冻应急抢险指导小组宣布启动响应。

Ⅰ级响应：由集团公司防寒抗冻应急抢险中心指挥部宣布启动响应。

5.3　应急处置

5.3.1　Ⅲ级响应应急处置

（1）供水管网及设施突发冻损事件时，辖区供水区所作为第一响应单位，开展应急处置工作，同时将处置情况报管网营运公司。

（2）制水生产设备设施突发冻损事件时，各水厂、水源厂作为第一响应单位，开展应急处置工作，同时将处置情况报制水公司。

5.3.2 Ⅱ级响应应急处置

（1）各单位成立应急抢险队，相关负责人现场进行指挥，制定应急和处置方案，及时上报应急抢险指导小组。

（2）客户服务中心负责"贴心小棉袄"热线服务保障，应急数据的收集、统计、分析、上报工作，协调相关单位应急处置工作。

（3）供水区所负责供水管网及设施的应急抢修和本单位后勤保障及应急人员的生活安排。

（4）供水区所、抢修中心做好二次供水泵房应急抢修工作，二次供水管理办公室给予指导和协助。

（5）三欣公司城南、城北分公司将施工员和户表安装工编成若干应急抢险小组待命，以备用于供水区所应急抢修支援。

（6）安徽科源（信息中心）负责做好信息平台和呼叫线路的技术保障，必要时，增开线路10路，并做好紧急扩充话务线路的准备。

（7）办公室（团委）负责组织40名团员青年应急支援"贴心小棉袄"话务服务。

（8）管网营运公司负责供水安全调度以及相关应急数据的收集、统计、分析、上报工作。

（9）制水公司、水源厂、水厂做好安全制水保障。

（10）水质管控部加强水厂及管网水质安全监督指导；水质检测中心做好技术支持。

（11）后勤中心负责公司大院内各抢险单位的物资和生活保障以及各应急小组的车辆补充调配。

（12）品牌战略部（宣传部）负责及时向公众和媒体发布事件应急信息。

5.3.3 Ⅰ级响应应急处置

（1）各单位成立应急抢险队，制定应急和处置方案，及时上报应急抢险中心指挥部。

（2）客户服务中心

1）负责"贴心小棉袄"热线服务保障，进行应急数据的收集、统计、分析、上报，协调相关单位进行应急处置。

2）增设两路市长热线，确保信息快速传递。

3）负责做好前来业务大厅现场报修用户的安抚、信息登记和传递、督办，确保用户问题第一时间得到解决。

4）当出现用户无法打通"贴心小棉袄服务"热线情况时，启动临时热线——业务大厅咨询电话64422639，做好人员安排及报修事项的记录、转办、督办、回访工作，每日及时统计相关数据。

（3）供水区所

1）负责供水管网及设施的应急抢修和本单位后勤保障及应急人员的生活安排；

2）经应急抢险中心指挥部批准，对朝北走廊敞开的高层建筑、设施较差的多层小区、空置率较高的小区采取夜间停水、排放管道存水的办法，避免大面积上冻现象发生（具体小区名单见附件2）。

（4）供水区所、抢修中心做好二次供水泵房应急抢修工作，二次供水管理办公室给予指导和协助。

（5）抢修中心负责DN100口径以上供水管网及设施的应急抢修，按指令做好处置期间沿线居民的应急送水服务工作。

（6）三欣公司负责配送水表及其他材料。城南、城北分公司根据应急抢险中心指挥部指令向供水所及时提供人员和车辆；市政分公司负责扩充抢修中心人员及车辆。

（7）安徽科源（信息中心）

1）做好信息平台和呼叫线路的技术保障，增开线路25路，并做好紧急扩充话务线路的准备；

2）加强对合肥供水智慧水务平台、调度系统、营业收费系统、OA系统、一站式服务综合协同管理信息系统、公司官网网站等系统的维护，确保Ⅰ级应急响应期间各信息系统的正常使用。

（8）办公室（团委）

1）及时将冬季防寒抗冻信息及工作举措等相关工作情况向市政府总值班室、市应急办、市国资委、市城乡建委汇报，确保信息沟通渠道畅通；

2）负责组织120名团员青年应急支援"贴心小棉袄"话务服务。

（9）管网营运公司

1）负责供水安全调度，进行相关应急数据的收集、统计、分析、上报；

2）成立两个应急处置小分队，负责处置业务大厅来访用户反映的用水问题；

3）供水调度中心在保障基本用水的情况下，供水压力执行下限标准。

（10）营销公司根据应急抢险中心指挥部指令配合供水区所做好化冻漏水期间的户表应急止水和信息统计传递工作。

（11）制水公司、水源厂、水厂做好安全制水保障。

（12）水质管控部加强水厂及管网水质安全监督指导；水质检测中心做好技术支持。

（13）后勤中心负责公司大院内各抢险单位的物资和生活保障以及各应急处置小组的车辆补充调配。

（14）品牌战略部（宣传部）负责及时向公众和媒体发布事件应急信息，同时做好应急抢修现场的宣传报道工作。

（15）安全保卫部（武装部）负责监督指导、落实大型供水管网抢险现场的安全防护方案，并为抢险人员配备相应劳动防护用品。

5.3.4 现场处置措施详见各单位应急处置方案（见附件5）。

5.3.5 现场应急处置人员负责应急现场安全和相关资料收集工作。

5.4 信息报告、传达

5.4.1 信息报告

在Ⅱ级、Ⅰ级应急响应期间信息报告要求如下：

（1）"贴心小棉袄"热线"64422666"是冬季供水管网及设施冻损事件应急处置信息枢纽，负责抢修接警、指令传递、过程督办等工作，并与"12345"市长热线、"110"及市政府应急办联动。根据不同事件等级逐级上报，每日统计话务接听量、工单派发量、工单类型、供水区所处置情况并进行分析，每日以短信形式报告应急抢险中心指挥部成员及相关处置单位负责人。

（2）各处置单位按应急抢险中心指挥部要求将应急物资的消耗情况、领用情况、库存情况、需要支援的物资及其他需上报的有关事项上报，紧急事项或需要物资支援的直报应急抢险中心指挥部。

5.4.2 报告要求

应急情况报告的基本要求：快捷、准确、直报、续报。

（1）快捷：最先接到事件信息的部门和单位应在第一时间报告。

（2）准确：报告内容要真实，不得瞒报、虚报、漏报。

（3）直报：发生重大、较大供水管网及设施冻损事件，要直报应急抢险中心指挥部，由办公室统一上报上级有关部门。

（4）续报：在事件处置过程中，要根据事件应急处置的进展情况连续上报。

5.5 对外信息发布

5.5.1 严格执行新闻发言人制度，品牌战略部（宣传部）负责及时向公众和媒体发布事件应急信息，协调有关部门做好新闻稿起草、记者接待、新闻发布和舆情收集工作。

5.5.2 信息发布应明确事件地点、影响范围、采取的应急措施以及应急处置情况等。

5.5.3 信息发布应准确、客观、全面，尽力争取社会舆论的支持和市民的理解，减少影响，有利于事后的恢复供水工作开展。

5.6 扩 大 应 急

5.6.1 低温冰冻天气气温持续低下，造成停水范围和时间有扩大、发展趋势，在做好前期应急工作的基础上提高响应级别进行应急处置。

5.6.2 根据事件影响情况，经应急抢险中心指挥部研究由办公室向市政府应急办上报事件情况，按照市政府应急办有关要求进行应急抢险。

5.7 应 急 终 止

现场应急处置工作结束，发布人宣布应急终止。各处置单位应采取有效措施，尽快恢复供水。

5.8 后 期 处 置

5.8.1 积极、细致地做好后期处置工作，包括受停水影响人员和相关设备的损坏的补偿、有关保险理赔，以及事件调查和评估、员工教育等工作，视事件情况有针对性地开展，尽快消除后果和影响。

5.8.2 应做好受雨雪冰冻影响水表校准工作。

5.8.3 在应急终止后，各相关单位及时向办公室上报各类供水设施受损情况、应对举措及工作总结以分析经验教训，提出工作改进措施。办公室进行汇总，对集团公司应急抢险工作全面总结。

5.8.4 品牌战略部（宣传部）积极收集和挖掘本次防寒抗冻工作中的先进人物和先进事迹的资料，同时将前期宣传、中期宣传材料和成果进行整理，可以"合肥供水集团某年冬季防寒抗冻在行动"为题在各大媒体进行专版宣传，各大电视台和广播配合宣传。

5.8.5 人员、车辆及时归位，恢复正常工作秩序；及时将各类数据汇总；对车辆、抢修设备、工具及时维保；对新旧水表和材料仓库进行整理。

5.8.6 收集整理并处理次生灾害相关工作，如电梯被淹、人员受伤、车辆事件等，如无法解决的整理汇总后上报集团公司法律审计部。

6 预案管理

6.0.1 安全保卫部（武装部）每年 10 月底前牵头修订《冬季防寒抗冻专项应急预案》。

6.0.2 各单位、部门应在 11 月组织员工学习《冬季防寒抗冻专项应急预案》，并适时组织应急预案演练。

6.0.3 在冬季防寒抗冻保障工作结束后，各单位、部门应及时修订本单位防寒抗冻应急处置方案，并向安全保卫部（武装部）提出对本预案的修订建议。

7 附 件

附件1:

应急水表储备数量表

单位:只

水表种类	数量	水表种类	数量
ϕ15mm铁表	18000	ϕ20−50mm各类型水表	1000
ϕ15mm铜表	2000	ϕ80mm铁	100
ϕ15mm铜表立式水表	100	ϕ100−200mm各类型水表	30
ϕ15mm电子远传水表（每个品牌）	10000（包含立式水表100）	ϕ250mm及以上各类型水表	10
总计		54240	

附件2:

供水所冬季应急防冻停水小区统计表

序号	供水所	小区名	停水排空原因	影响户数
1				
2				
3				
			……	
合计				

附件3:

内部报警和通信联络电话

部门	联系电话（24小时）
	……

附件 4：

防寒抗冻应急抢险中心指挥部人员名单及联系方式

序号	姓名	职务	应急机构职务	电话号码
			……	

附件 5：

相关单位冬季防寒抗冻应急处置方案

各单位防寒抗冻处置方案（略）

附录五：

各地水司抗寒防冻案例

案例一：合肥供水集团案例

2016年1月下旬，合肥遭遇强冷寒流天气，极端最低温度低达−13℃，突破近30年历史同期极值。在影响市民正常生产、生活的同时也给正常的供水生产和服务带来严重危害。集团公司通过迅速反应、周密部署、全员参与、联动处置，取得了抗严寒保供水的胜利战，为合肥市民过上平安祥和的春节提供了强有力的供水要素保障。

1 "冰冻"天气给城市供水设施造成严重危害

1.1 在短短的12天中共计更换水表44148只，其中出户普表20770只，远传表22106只，埋地表1272只。

1.2 维修外墙管、走廊式入户管、立管等约780处。

1.3 抢修管道爆裂45起，其中DN600及以上爆管5起。

1.4 直接经济损失约730.24万元，其中更换水表价值约538万元，自来水漏损约75万 m^3，按照最低生活水价标准1.78元/m^3核算，漏失水量价值约192.24万元。

2 水表上冻的原因分析

2.1 敞开式外走廊建筑供水管道布局不合理，造成集中上冻。涉及45个小区，1.86万只远传水表上冻。共同特点是水表管道井位于敞开式走廊内，管井到住户距离较远，入户管敷设在走廊地坪下，而地坪厚度有限，无法达到保温效果。同时高层建筑建有风井，风井与外走廊贯穿，灌风严重，越到高层风力越大。在严寒气温下，走廊下的管道极易上冻并蔓延到水表和立管。瑶海区万罗山路两侧的淮合花园与华润熙云府就是一组典型的例子，位于路南侧的淮合花园共有用户3660户，因走廊为封闭式结构，在寒潮来临期间无上冻情况发生。而在路另一侧的华润熙云府与淮合花园相距不足 200m，共有用户 2220 户，因其走廊为敞开式的外走廊结构，在寒潮期间共冻损水表 1981 户，几乎全军覆没（附图 5-1、附图 5-2）。

附图 5-1　近处华润熙云府为敞开式走廊　　附图 5-2　华润熙云府敞开式
　结构远处的淮合花园为封闭式结构　　　　　　走廊结构

2.2 老旧小区先天不足，防寒效果差。涉及 55 个小区，1.53 万只普表上冻。普表上冻多出现在城市老旧小区，伴随水表出户改造，受到建筑本身局限，部分水表箱位于一楼的楼梯口或楼房外墙等公共部位，入户管也为明管安装，虽然加有保温管和套管，遇极寒天气防寒效果大打折扣。

2.3 边缘地区和空置房入住率低，上冻情况严重。根据统计，在集中水表冻损小区中入住率低的边缘地区小区 19 个，冻坏水表 0.89 万只，其中远传水表 0.35 万只，普通水表 0.54 万只。城市周边区域温度较中心城区平均低 2℃，容易造成上冻；其次新开楼盘入住率低，管网水流动缓慢，易造成水表和水管上冻。

3　应 对 措 施

3.1 有的放矢，健全预案，强化应急处置机制。集团公司认真贯彻落实安全生产应急处置工作要求，《冬季供水保障应急预案》每年根据执行情况定期修订、不断完善，确保紧急情况下有效处置。极寒天气来临前，集团公司多次召开防寒专题会议，根据

《冬季供水保障应急预案》要求，在人员、设备、车辆、材料等多个方面进行了具体部署，为应对奠定了良好基础。

3.2 "冬病夏治"事前预防，提高供水设施御寒能力。集团公司多年坚持"冬病夏治"工作方法，每年初统计上一年度户表上冻情况，制定整改计划，在当年冬季来临之前完成整改。近三年集团公司共计投入 250 万元完成 2.5 万户户表整改。通过改造，提高户表箱及保温材料的完好率，大大提高了户表的御寒能力，客观上减少了此次户表被冻数量。

3.3 全面普查不留死角，确保供水设施正常运行。在每年冬季来临前，各区供水所均进行一次供水设施大检查，对水表箱、裸露管道和阀门井等设施进行普查和保温，发现问题及时整改，让户表"平安过冬"。同时日常工作中还加强对重点路段、大口径管网、桥梁周边管网的巡检工作，确保供水设施安全运行。

3.4 多渠道、全方位宣传防冻常识。集团公司提前印发冬季防寒防冻宣传图册，利用"贴心小棉袄"志愿服务队进社区的机会，讲解宣传冬季用水常识。同时还通过公司官网、媒体对接会、地方电视台、广播电台、报纸等传统媒体平台以及企业微信公众号、微博等新媒体平台宣传防冻知识，提醒用户做好"关窗防寒"，"穿衣戴帽"，"温水解冻"，"滴水成线"，"排空设施"，"适度储水"，指导用户掌握正确的解冻和操作方法，起到了较好的预防作用。同时通过手机信息向全市十几万留有电话的供水用户发送防冻温馨提示。

3.5 领导重视指挥前移，及时启动联动处置机制。在此次抗严寒保供水期间，集团公司主要领导和分管领导经常到供水热线和调度室和抢险现场了解情况，掌握应急保障进度和需求，根据险情发展状况及时进行协调和指挥，启动各单位联动互助机制，人员、车辆和物资充实到供水抢险服务第一线，使供水设施的抢修工作快速有效。

3.6 责任落实，密切配合。各单位、部门紧密配合，通力协作，急用户之所急、想用户之所想，始终牢记"不化冻，就感动"，切实践行"贴心小棉袄"的服务承诺。同时要求各工程施工单位人员全部充实到抢修中心和供水所,增加应急抢修和工单处置力量,提高了应急处置效率。

3.7 增加热线座席和线路,畅通用户诉求渠道。伴随抗击严寒工作,"贴心小棉袄"服务热线来电量不断激增,23 日 1227 个,24 日 5872 个,25 日为 9406 个,26 日突增到 15616 个,创集团公司热线来电历史最高纪录。对此,团委抽调年轻团员骨干组成热线服务应急队伍,加入热线接听工作。技术部门全员到岗提供技术支持,在原有"贴心小棉袄"服务热线 20 路来电的基础上增加 25 路,共开通 45 路热线电话,将接听"市长热线"由 2 路到增加至 4 路。"贴心小棉袄"服务热线对每日话务进行汇总分析形成"防冻专报",实行一日一报制度,通过手机信息发送到应急小组领导,为应急决策提供参考;同时与"12345"政府服务直通车、市应急办和数字城管保持联系,切实做好热线保障服务工作(附图 5-3、附图 5-4)。

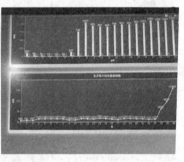

附图 5-3　应急热线话务人员　　　　附图 5-4　急剧增长的热线工单

3.8 提前储备,应急采购,保障水表供应。每年冬季来临前集团公司采购部门就最大限度增加水表库存,并与厂家保持密切沟通,设立库存警戒线,适时启动应急采购。在全国水表高度紧缺情况下各水表厂家将我公司作为重点客户优先保证供应。据统计,集团公司常规储备水表 30100 只,此次寒潮来临期间,应急采购水表12800只。充足的水表储备，有效解决了水表的应急保障问题。

3.9 突出重点特事特办，"应急小分队"现场解决难题。1月26日下午，随着冰冻险情的延续，部分用户陆续来到"贴心小棉袄"业务大厅反映家中受灾情况。管网营运公司抽调二供办、供水监察中队和技术部人员成立"应急小分队"（附图5-5），根据用户紧急和困难程度，将现场来访工单划分为"特急、加急和一般"，对于"特急、加急"的由小分队立即处理；"一般"的工单传递到供水所，并落实督办、回访，此举得到了用户的一致理解和好评。

附图5-5 忙碌的应急小分队

3.10 后勤保障落实到位，力保一线人员食宿无忧。按照集团公司整体部署，管网营运公司、各区供水所提前备足食品；在抢修过程中合理安排三餐伙食，做好营养搭配；就近安排住宿，确保抢修人员房间有空调，可洗热水澡。为保障话务人员、调度员及信息中心技术员的生活，后勤中心在公司附近预订宾馆，保证三班人员随时休息，轮流值班；一日三餐将热腾腾的饭菜准时送达工作人员手中；每日必备菊花茶、水果、牛奶、面包、含片、咖啡、方便面等，有效缓解了大家工作的辛苦与疲惫，确保大家在连续作战过程中保持了良好的工作状态（附图 5-6）。

附图 5-6　后勤保障全面到位

3.11　创新宣传渠道，弘扬正能量鼓舞士气；把握舆论宣传方向，争取用户理解和支持。在抗击严寒中，供水员工斗志昂扬，人人争先，涌现出一大批可歌可泣、感人肺腑的先进人物和先进事例。集团公司深挖典型，以突出人物为代表，通过细节和语言描写，表现抗寒保卫战中涌现出的各类情感，烘托平凡的供水员工在平凡的工作岗位上全力以赴履行自己不平凡的职责，塑造了一批具有代表性的抗寒楷模形象，勾画出全体供水人全力以赴抗严寒保供水的奋战画面。同时本次抗寒在采用现场跟踪、电话采访等传统方式外，还充分利用微信群、朋友圈等新型传播媒介，将供水人 24 小时不间断抢修进行扩散和宣扬，弘扬了正气，鼓舞全体参与应急人员的士气，使广大合肥民众及时了解到我们始终在坚持、在努力，在社会上引起强烈共鸣。

在把握社会舆论上主动联系省市电视台和纸质媒体，密切关注网络、论坛等舆情动态，及时回复网友留言，确保信息通畅。及时宣传集团公司各项应急处置情况以及防冻小常识，引导媒体将报道视角集中于供水员工的全力以赴和连续抢修上，并积极与主流媒体接洽及时转载，在打动观众的同时最大程度争取了全社会的理解与支持（附图 5-7）。

附图 5-7　舍小家、为大家，感动千万家

4　后期改进措施

4.1　对全市敞开式外走廊建筑供水管线布局进行研究，并拿出方案，报集团公司审定后向建设主管部门建议在审图时进行把关。

4.2　老旧小区在水表出户时尽量争取用户理解与支持减少外墙管安装，提高保温抗寒能力。

4.3　针对本次冬季上冻老旧小区的薄弱环节，供水所加大老旧小区户表箱整改力度，管网营运公司予以监督。

4.4　加强《冬季供水保障应急预案》管理和修订工作，使其更具有可操作性，提高整体应急处置水平和能力。

4.5 在安徽省和合肥市《合肥市城市供水条例》修订过程中，发挥省会城市优势，结合此次抗寒工作实际，提出相关条款的修改意见和建议，使供水各项工作切实做到有法可依、有法必依。

案例二：马鞍山／江北华衍水务案例

马鞍山华衍姥桥水厂设计供水量能力为 3.5 万 m³，目前实际供水量约 1.3 万 m³，DN75 及以上管网约 77.7km，用户约 10114 户。

江北华衍江北水厂设计供水能力为 3 万 m³，目前实际供水量约 0.8 万 m³，DN75 及以上管网 36.2km，用户约 2273 户。

2016 年 1 月，为应对极寒天气的来临，生产、管网、客服等部门从应急准备到具体实施，保证了水厂生产、管网的正常运行，快速处理极寒天气给用户造成的影响，主要情况如下。

1 准 备 工 作

1.1 水 厂

1.1.1 各水厂对一体化净水设备反冲洗管路、阀门等进行防冻保暖处理。

1.1.2 对水厂内及取水头部等露天管道、排气阀、消防栓等做好防冻保温工作。

1.1.3 对加药、加氯系统等设备、露天管道、阀门进行重点巡检并做好防冻保温工作。

1.1.4 储备必要的防冻物资，保证有足够的麻布袋、铁铲等，以备大雪天气使用。

1.1.5 计算并储备制水相关药剂，以防恶劣天气及节假日期间厂商无法及时送达。

1.1.6 制定应急寒流来临的应急安排、制定排班表。水厂维修人员及管理人员 24 小时值班，随时进行维修。

1.1.7 加强对取水泵船的监控，每日定时巡查，确保正常取水。

1.2 管 网 运 行

1.2.1 储备足量的抢维修材料及管配件，充分考虑恶劣天气对管网的影响。

1.2.2 做好地上式排气阀及消火栓的防冻保温工作，对一些无人区域的消火栓采取关闭消火栓前阀门，放空消火栓内的存水，预防受冻爆裂情况发生。

1.2.3 对管网抢修力量进行排班，安排人员力量、储备材料及抢修设备，保证具备大面积管网、水表冻坏的应急处置能力。

1.2.4 因管网部大部分人员都住在芜湖市，为防止雨雪恶劣天气造成封路封桥，对上述人员安排就近住宿以应对大面积抢修。

1.2.5 全面排查抢维修车辆，检查车辆防冻液及刹车等情况，保证车辆状况良好。

1.3 客户服务部

1.3.1 在寒潮来临前安排抄表员对收费区域内的大用户和小区发放防寒防冻宣传单，同时通过小区物业向业主宣传防寒防冻知识，提前做好预防准备。

1.3.2 通过政府的力量让有条件的村委会通过广播的方式向村民宣传防寒防冻知识，提前做好水表和水管等防冻准备。

1.3.3 在寒潮来临当天，为了防止因大雪封路封桥，造成第二天员工无法正常上班的情况发生，安排应急人员留宿姥桥镇区，保障24小时现场值守，以应对突发状况。

2 应 急 记 录

2.1 水 厂

2.1.1 大雪来临后，及时对水厂各主要阶梯口铺设麻布袋，做好防滑保证员工安全。

2.1.2 大雪之后，我们及时组织人员对生产主要道路及一体化设备通道、阶梯上的积雪、冰块进行铲除。

2.1.3 寒潮来临后，因管网、水表等损坏造成日供水量也大幅上涨，为满足供水需求，响应公司要求，增加供水泵组，保证供水压力。

2.1.4 安排水厂机电维修人员 24 小时值班，保证突发事情发生能够及时处理。

2.2 管 网

通过客服热线工单反映，元月 24 日上午前，居民报修与平常持平，随着寒潮到来，温度进一步降低且持续降低到 3℃时，报修数量急剧增大，气温回升后报修接单量超过平日 10 余倍，高峰时平均达近 100 单，维修量和工单总量持续在高位，管网部在原有 3 个抢修组的基础上，从工程部抽调人员，增加至 9 个临时应急抢修组（计 34 人），进行 24 小时应对维修报修。

管网部根据客服热线报修情况，将姥下河、隐驾及姥桥老镇区为重点维修区域（附图 5-8）。

附图 5-8　抢修中

2.3 客户服务部

2.3.1 由于报修量增大，紧急增加热线员接听热线，确保客服热线 24 小时接听。

2.3.2 通过与政府对接，请各村委会协助调查和收集爆表、爆管问题，提高抢修时间。

2.3.3 因抄表收费员对自然村相关情况较为熟悉，抽调抄表收费员配合维修队伍进行抢维修工作，提高抢维修工作效率。

2.3.4 组织客服人员进村对用户水表损坏情况进一步摸查，确保问题尽早发现，快速抢修。

2.3.5 春节期间，安排人员进行值班，客服热线 24 小时接听，以保证报修及业务咨询的及时受理。

3 事故造成的后果

据统计，寒潮期间管网部共维修漏点 538 处，主要为 PVC 管道，口径主要为 DN75 以下，供水主管网总体运行状况良好，没有因主管道故障而导致用户停水的现象发生。水表冻裂共换表 362 只，其中自然村换表数 335，户表改造后换表 16 块，小区换表 11 块。

4 供水设施受损原因分析

4.0.1 从江北水厂、姥桥水厂一体化设备排泥阀冻坏情况分析，江北水厂冻坏严重，而姥桥水厂没有一个阀门冻坏。分析原因为姥桥水厂使用的是 PVC 材质阀门（PVC 材料抗冻等级高）。

4.0.2 此次寒潮中受损最为严重的是老镇区及自然村老管网及水表，老旧管道和水表的抗冻能力差。

4.0.3 个别小区单元楼管道井内的水表冻坏，主要原因为管道井密封不严，造成冷空气流通冻坏。

5 后期管理改进措施

5.0.1 针对一体化净水设备管道冻坏现象，计划在反冲洗压力水管道上多增加放空阀门，解决冻裂问题。

5.0.2 建议管网部根据管网抢修及运行情况提出对老旧管网的

进一步改造方案。

5.0.3 要求工程部要提高施工质量；对现有小区管道井进行排查，整改。

5.0.4 通过此次极寒天气发现，部分居民对公司热线电话不清楚。今后将在加强宣传的基础上，建议在居民集中区域设立永久性宣传牌。

5.0.5 此次寒潮中发现客户资料不健全，部分用户资料无居民电话记录，无法进行电话提醒、短信提醒等工作。今后将加强用户资料的管理并及时更新。

5.0.6 此次寒潮中还发现部分用户缺乏用水防冻知识，将来需要印制相关宣传单据，通过客服前台、抄表上门等方式进行发放。

案例三：清源华衍案例

受强冷空气影响，1月21日至25日中东部地区自北向南出现大风和强降温天气。长江中下游地区的最低气温将下降至 −10℃左右，中东部大部地区将出现入冬以来气温最低值，同时伴有4~5级偏北风。而处于长江中下游的苏州最低气温也降至 −10℃。

1　背景介绍

1月24日根据客服热线的统计，位于苏州的××小区出现了大批的自来水报修情况，管网运行部门应急组前往小区内查看，发现许多入户阀门、管道的弯头、短接阀门均出现漏水的情况，立即向公司报告；公司针对现场自来水漏点较多，立即由工程施工部门组织相关施工人员前往现场进行抢修。

2　应急记录

2.1　现场指挥

2.1.1　1月24日公司成立应急指挥部，由总经理担任总指挥，工程施工部门负责人担任现场指挥。总指挥负责各应急小组之间的工作协调安排，现场指挥直接指挥××小区现场应急抢修。

2.1.2　总指挥要求现场指挥对现场漏水情况进行检查，统计所需的配件种类以及数量，工程施工部门至仓库先领取已有的配件作为抢修工作启动的材料，后续材料根据现场统计情况要求采购部门进行应急采购，财务部提供应急采购资金的绿色通道，保证应急配件物资能够以最快的速度到达现场，为现场抢修提供保障。

2.1.3 总指挥要求后勤保障部门为工程施工部门等各应急小组提供车辆支持，同时因出现冰冻天气做好车辆的保养防冻工作；要求后勤保障部门为现场管理人员和施工人员提供食物等必要物资。

2.1.4 总指挥要求调度部门做好水厂的稳定生产，同时因水的大量渗漏增开阳澄湖水厂以提高制水能力，以稳定总管网水的水压。

2.1.5 总指挥要求客户服务部门针对该小区张贴停水公告，增加热线接线人员，以合理应对居民投诉。管网运行部门根据需要为工程施工部门现场抢修提供图纸支持，减少不必要的查找管路过程。

2.1.6 现场指挥将××小区分为几个版块，分设项目负责人，分别对各板块现场漏水情况进行统计，以各不同类型的漏点确定所需要的配件总数，以上报采购部门购买配件。

2.1.7 1月27日由于东西两个片区的南区没有单元总控制阀，由于爆管量较多，必须关闭南区的总进水阀，导致南区全区域停水，北区庭院管正常供水，对每个立管和水表逐一进行维修。

2.1.8 1月28日凌晨完成南区的立管控制阀更换并恢复南区庭院管供水，从早晨开始增加抢修力量至89人，并开始逐个单元恢复供水，至晚间20：00完成西北、东北、西南三个片区的故障点维修，西南片区完成50%的单元故障点维修。

2.1.9 截至1月29日，供水设施基本恢复。

本案例情况如附图5-9～

附图5-9　水表表面玻璃冻碎

附图 5-11 所示。

附图 5-10　室外立管丝扣处冻裂　　附图 5-11　冻裂的立管维修

2.2　供水安排

2.2.1　现场抢修主要由庭院主管路开始维修，现场必须要全部停水，现场指挥安排人员通过消防栓对居民进行临时供水。

2.2.2　在消防栓结冰的情况下，总指挥协调消防队，由消防车运水至现场，对居民进行临时供水。

2.2.3　部分用户因无法至现场接水，现场施工人员对其进行送桶装水到户。

2.2.4　主管路通水后，部分支管路修复完成的，可恢复部分居民的正常用水。

3　事故造成的后果

3.0.1　管道出现爆管，大量的自来水外溢，管网水压降低，增大了水厂的供水压力。

3.0.2 停水期间，大量居民无法正常使用自来水。

4　供水设施受损原因分析

4.0.1 寒潮，本次因极端低温天气造成现场大量管道冻坏损伤。

4.0.2 ××小区位置处于南侧，而小区立管都是安装在住宅北侧，在西北风天气的影响下极易使得管道冻坏。

4.0.3 现场管道以镀锌钢管为主，小部分为PPR管道，而出现冰冻损坏的管道主要集中在镀锌钢管，自来水管道安装时的材料选型存在一定的缺陷。

4.0.4 ××小区分为南区和北区，南区由开发商自建，北区由自来水公司承建，而从损坏的数量上来看，南区管道漏损率明显高于北区；从施工的标准上来看，开发商自建的设计安装标准明显低于自来水公司承建的管路，安装不专业，缺乏应有的施工技术支持。

5　后期管理改进措施

5.0.1 公司将根据此次寒潮灾害期间管网运行部门、客户服务部门、调度部门、物料采购部门及后勤保障部门等系统性应对措施纳入公司灾害应急预案加以固化，提高应急处置能力。

5.0.2 由于此次水表冻坏较多，部分小区成片冻坏，公司计划租用冷库选取不同类型水表，研究水表在低温状态爆裂损坏机理。

5.0.3 小区立管镀锌管出现冻裂，公司将对不同类型给水管材抗低温性能研究，用于指导下一步工程设计。

5.0.4 该小区由原开发商实施，其建设标准偏低，不能满足低温环境下的正常运行。需要启动改造程序，按照我司改造标准重新铺设供水管道。

案例四：芜湖华衍水务案例

2016 年元月 20 日夜里到 22 日，芜湖地区普降大雪、局部暴雪，路面积雪并伴有道路结冰。降雪后气温骤降，24～25 日最低气温降至 −10℃ 左右，芜湖地区遭遇了近 40 年来最低气温。极端低温天气对我市供水安全造成了前所未有的破坏性影响。

1 准 备 工 作

元月 15 日我司根据气象局发布信息以及集团防冻工作布置，为保障冬季安全生产、优质供水，面对可能来临的极寒灾害，公司各条线备品备料，开展防滑防冻工作，确保运营稳定和人员安全，并将"抗寒保供"的要求传达至全体员工和相关协助单位。主要工作有：

1.0.1 开展安全生产自查和水厂、泵站设备维护保养工作。及时对供水设施、电气设备进行全面检查与维护，对供水设备、设施采取有效防冻措施，确保设施、设备在严寒条件下正常运行。

1.0.2 调度指挥中心加强生产调度并密切观察各测压点的管网压力变化情况，根据需求变化科学调度生产，保证水量、水质、水压。

1.0.3 加大管网巡查力度，重点排查供水管线、阀门、消防等设施，对影响生产运行、管网运行的情况立即处置。城南、城北管线所执行 24 小时值班制度，抢修车辆随时待命，随时处理突发的抢维修事件，保证充足的防冻物资及备品备件。

1.0.4 客服人员 24 小时坚守工作岗位，利用公司网站、微信、微博等平台及时发布信息，提醒用户提前做好供水设施防冻；利用公司短信平台，每天推送温馨提示，每次 20 万条；利用电台、电视台做好防冻宣传。

2 应急记录

元月 20 日根据天气变化连夜启动《芜湖华衍自然灾害应急预案》，成立应急指挥中心，由总经理任总指挥，统一组织协调抢修工作。每天召开专题会议，掌握分析受灾及应急处置情况、研究布置后续工作的方法和步骤，聘请社会临时抢修人员，合理配置人力和物力，有节奏地开展应急抢修、热线接单、生产调度、临时送水、舆论宣传等工作。元月 24 日，根据初步估计的受灾情况，明确了"不惜一切代价，确保全市用户春节前正常用水"的目标。

从元月 24 日开始，公司热线电话接听量急剧上升，平均每日达 1500 多次热线，最高峰达 2000 多次热线。据统计，我市约 317 个小区的供水受到不同程度的影响，主要集中在老城区和安置房。为了尽快恢复正常供水，公司组织了城南、城北管线所，镜湖、三山、城东、弋江和鸠江供水所和安装公司的人员，并与芜湖中燃取得联系，还从社会上临时召集 300 多劳务人员，组成了近千人的抢维修队伍，日均 1500 人次参与抢修。为了尽可能投入人力、物力进行抢修，公司本部 50 多名员工带着私家车组成志愿队参与其中。截至到 2 月 3 日，共更换水表约 16000 只，抢修管道爆裂约 2400 处（基本集中在 DN75 以下）（附图 5-12、附图 5-13）。

附图 5-12 更换水表　　　　　　附图 5-13 维修中

公司采购部提前做了充足的准备，抢险过程中也积极采购，保障了水表、管材和配件的及时供应。经过一周的奋力抢修，目前芜湖市绝大部分小区已恢复正常供水，各供水所派员对住宅小区每个单元、每一户进行巡查、扫尾，力争做到不遗漏一户。公司每天还把抢维修进度在华衍水务的官方微信上予以公布，安定用户情绪，接受用户监督。目前，热线电话已趋于平缓，城市管网末梢压力得以恢复，一切都在向正常状态发展。

3　事故造成的后果

寒潮过后，气温回升，之前因极端低温冻裂的市政管道及设施、小区立管、消火栓、水表等开始出现大量漏水现象。据初步统计，本次寒潮期间更换、维修水表 17334 只；立管 3574 处；表位前短管 2704 处；更换、维修阀门 4763 处；庭院管网 25 处；市政管网 2 处；其他（村镇、户内）管道 302 处。

寒潮期间为保证居民正常用水，我司下辖四座水厂超负荷运转，水量损耗达 670 万 mm^3，其中元月 27 日日供水量达 603948 m^3，破历史供水量日记录 602206 mm^3。

截至 2016 年 7 月 14 日，此次抗寒保供突击物资采购合计约 500 万元（其中突击采购 349 万元，库存消耗 151 万元）；水损 884.4 万元；人工损失 270 万元；因突击保供，此次未进行防护处理后续尚需完善处理或同步改造的约 5000 余户，改造费用约 500 万元；初步估算，本次寒潮期间人工消耗、物料消耗、水量消耗、二次改造消耗等总计经济损失约 2154.4 万元。

4　供水设施受损原因分析

由于芜湖地处江南地区，原有的设计标准和施工标准低是此次受灾严重的主要原因；老旧小区管道、阀门等供水设施老化也是此次在极寒天气下大面积冻坏冻裂的重要原因；另外由于房地产商自行建造的供水立管等设施施工质量、管道材质参差不齐也为此次我司寒潮抢修造成了巨大困难。此次的极寒天气是我市四十年不遇的，虽然寒潮前我司也进行的一系列的防冻宣传，但社会重视程度依然不够。多数水表、立管等供水设施均没有进行保温处理，极易冻坏。

5 后期管理改进措施

5.0.1 呼吁政府立即着手启动老旧小区供水设施改造工作，我司将积极配合政府启动老旧小区管网改造计划，对本次冻害造成管网堵塞、漏损严重的老旧小区优先进行改造。

5.0.2 在供水设施防冻研究方面，成立专业小组，通过对周边沿江城市进行走访调研，进一步分析原因，寻找并制定适合地区特点的供水设施的设计、施工、保暖、监管、用材标准，并在后续工程项目中予以应用。

5.0.3 与政府应急管理部门共同研讨，完善、修编专项应急预案，加强社会力量统筹，并定期进行应急演练。

5.0.4 与市住房和城乡建设委员会共同研讨，商品房楼道立管的施工问题，统一材质、统一质量标准等相关管理办法。

5.0.5 平时加强与社区的联系，对社区分布、管辖区域、物业管理等情况做好调查了解工作，建立长期有效的沟通机制。

案例五：吴江华衍水务案例

2016 年 1 月 23 日至 2016 年 2 月 6 日，吴江区遭遇 39 年一遇的低温寒潮恶劣天气。极端低温天气对吴江的供水安全造成了前所未有的破坏性影响。

1 准 备 工 作

寒潮来临，公司第一时间启动应急预案，成立应急指挥中心，各部门做好应对准备工作。

1.0.1 用保温棉和扎带对 $DN150$ 以下室外管道再次包扎保暖，对加药间和水射器分别放置取暖器。

1.0.2 对备用管道和沉淀池消防管暂作管道放空处理。

1.0.3 加药管沟作抛洒粗盐措施防止结冰。

1.0.4 净水剂、液氯、液氧等物资保持一定的库存。

1.0.5 做好用户防冻知识宣传。

1.0.6 储备备用水表、防滑划草袋、施工机具等，以备急用。

1.0.7 安排工作人员对所有桥管排气阀罩再次进行检查。

2 应 急 记 录

2.1 第一水厂水源地湖面出现罕见结冰现象，造成吸水困难

因湖面结冰导致流量一度低至第一水厂短时无法生产。公司立即调整运行调度方案，采用第二水厂向吴江南部地区供水方案，基本满足整个吴江的供水需求。同时组织调集人员进行湖面破冰工作，在极短时间内化解了水厂制水危机。

但由于极低温造成冻裂严重，解冻后漏水量巨大。1 月 28 日甚至达到 82.4 万 m³，超过吴江供水史上夏季最高日的 72 万

m³，比受冻之前的日供水量多出 25 万 m³，多个镇区供水压力在此期间受到较大影响（附图 5-14）。

附图 5-14　取水口破冰

2.2　出现大面积水表、管道冻裂漏水的情况

我司组织了 110 辆抢修车，发动 500 多名员工及 500 多名抢维修人员加班加点地奋战前线。而后方热线人员全部上班并延长工作时间，高峰期每天接听 4000 多用户电话，接听时为平时的 10 倍。

公司采取换水表表面玻璃或用直通管连接；有些施工困难来不及维修的地方，开启消火栓向居民临时供水；有的供水困难区域，采用送水车送水或水袋送水、安装临时管的方法，保证了用户的用水。

我司自 24 日开始，每日向政府主管部门通报居民停水报修情况及向社会通报维修进展。动员社会各界力量，携手共同抢险。

到 2 月 3 日，大面积受灾情况基本得到控制，居民用水基本恢复，不具备正常供水的区域都采取了增设临时供水点、送水车送水或水袋送水（附图 5-15）。

附图 5-15　抢修中

3　事故造成的后果

此次寒潮造成吴江区水表冻裂 7 万余只、立管冻裂约 3300 根、供水管网损坏 1700 余处，消防栓冻坏 171 个（附图 5-16），受影响小区超过 300 个。

截至 2016 年 2 月，据不完全统计，本次灾害造成公司材料、人工、水量等直接经济损失约 2769 万元。

附图 5-16　消火栓冻坏

4 供水设施受损原因分析

4.1 地处苏南地区，原有的设计标准和施工标准低

镇区老旧小区和农村裸露或半裸露的管道、水表、阀门众多，遇到极寒天气冻坏、冻裂可能性极大。同时，本次发现部分新建小区立管、水表被冻坏现象也比较严重，共有约 4000 块，立管 240 根。这些与水表井的设计、立管等工程的施工质量均有较大关系。

4.2 老旧小区管道、阀门等供水设施老化

这些供水管网内壁长年老化结垢，施工震动和受冻后结垢脱落堵塞管道，造成这些地方用户水压低甚至无水可用。

4.3 消防栓及桥管透气阀防冻技术和措施有待改善

本次市政管网损坏主要集中在桥管的透气阀及消防栓。部分透气阀保温套老化、透气阀产生水气将保温套浸湿，导致冰冻爆裂；消火栓冰冻爆裂原因为下部泄水孔排水不畅，导致内腔存在大量的水而冰冻爆裂。

5 后期管理改进措施

5.1 持续完善防冻应急预案

根据本次应急抢修工作中生产、管网抢修、客户服务、物料储备等方面工作的落实情况，进一步完善企业应急预案，同时将相关预案和建议提交政府应急部门，以便统筹社会力量，加强应急预案演练。

5.2　加强小区供水设计和用材标准的研究

成立专业小组，进一步分析原因，寻找并制定适合地区特点的供水设施的设计、施工、用材标准，并在后续工程中予以应用。

5.3　加强供水设施防冻研究

对小区立管、水表、市政管网透气阀及消防栓的防冻措施进行专题研究，并将研究结果应用到后续的防寒防冻工作中。

5.4　改变取水方式降低风险

目前庙港水厂取水采用虹吸方式，当太湖发生大面积冰冻或低水位遇到强风时，会造成源水管虹吸破坏取水中断，恢复取水需 2~4 小时的真空抽吸时间，对水厂安全运行存在一定的风险。

目前苏州地区以太湖水取水的水厂已基本实现进水管自流，为了降低风险，将庙港水厂取水改为自流管。

案例六：焦作水务案例

一、地面水表防冻案例

1 事 件 描 述

时间/地点：2016年1月；焦作市中站区和美住宅小区二期

2016年1月"霸王级"寒潮来袭，华北地区出现大风和强降温天气。河南省焦作地区也迎来了历史上罕见的大风、－13℃左右的持续低温天气，城市供水管网及供水设施的抗寒能力遭受严峻考验。

和美住宅小区二期，位于焦作市中站区西部，处在城乡接合部边缘地带，小区内共有多层居民楼107幢，表只数4042块，入住率约为30％。寒潮来袭期间，该小区累计冻裂水表2060块，损失严重。

冬季来临初期，工作人员就对该住宅小区水表井整体实施了水表井内加盖草垫常规防寒措施，但是由于本次寒潮来袭较往年猛烈，当气温骤降加之冬季冷风吹袭，位于该小区西北方位的住宅一区表井内的水表出现表玻璃大批冻裂现象，在对损坏水表进行紧急抢修更换后，采取在表井外部加盖保温材料，表井内表前表后管道包裹保温棉，水表上覆盖加厚草垫等防寒措施，在后继的低温天气中未发生水表大批冻裂现象（附图5-17、附图5-18）。

附图5-17　维修现场

附图 5-18　维修后及时保温

2 案 例 小 结

2.1 原 因 分 析

和美住宅小区地处城乡接合部,受灾严重的一区位于该小区的外围毗邻农田地头,周边无任何建筑群,处在风口地带,温度较其他区域低 2～3℃;小区居民入住率仅为 30%,无人居住使管道及水表内的自来水处于静止状态更宜冻裂;小区配套建设不够完善,多处水表井周边地面未硬化,使表井整体防寒能力降低,综上所述,造成该小区水表在低温(一13℃)天气下,出现水表集中冻裂损毁。

2.2 经 验 总 结

在持续低温(一10℃)天气下,应将城乡接合部小区作为供水设施防寒抗冻工作重点,在防寒工作中要综合考虑用户入住用水情况、表井地理位置、周边环境等多方面的因素,制定有针对性的防寒方案;用户入住率较低的小区可协调物业,对整幢未入住居民表进行摘表封存处理;城乡接合部日常低温区域表井内除常规防寒保温措施外,要注意表井地面外围的防风保温防范工作和表井的日常维护工作,以保障极寒天气下水表设施的安全。

二、管道井内水表防冻案例

1 事件描述

时间/地点：2016 年 1 月 ；焦作市新城区王储乡安置小区

2016 年 1 月寒潮来袭期间，焦作水务启动防寒抗冻应急预案，从"宣传防范、畅通热线、及时抢修"等方面着力保障极寒天气下的供水安全。1 月 23 日"防寒抗冻报修"热线接到，位于焦作市新城区映湖路的王储乡安置小区物业求助电话称"该小区三栋高层居民住宅楼内的管道井内水表冻裂请速抢修"，接到报修信息后，水务公司立即组织维修抢修人员、物资、车辆赶赴现场，对该小区两栋高层管道井内的累计 106 块冻裂水表进行了快速更换。维修中工作人员发现，该小区 500 户居民，入住约为 100 户，入住率为 20％，损坏水表多为未入住用户水表，且发现该小区低下室内管道井入口未作封闭处理，楼层间的管道井观察门有未关闭现象，对此工作人员向该小区物业管理部门进行了专项沟通，责令其加强楼层间的管道井观察门的管理，做到"随启随闭"，同时要求其对地下室内管道井口进行规范的封闭处理，防止"冷风倒灌"，提升管道井内供水设施防寒抗冻意识和能力（附图 5-19）。

附图 5-19　入户维修和宣传

2 案 例 小 结

2.1 原 因 分 析

　　该小区地下室管道井口未作封闭处理，楼层间管道井观察门管理不严，未能及时关闭，寒潮来袭期间，造成冷风倒灌，形成寒流通路，致使管道井内温度过低，加之该小区入住率较低，使管道及水表内的自来水处于静止状态，水表更易冻裂。

2.2 经 验 总 结

　　高层住宅楼内供水设施的冬季防寒抗冻工作也不容忽视，要通过沟通、宣传，进一步强化提升住宅开发及小区物业管理部门关于《高层建筑内供水设施冬季防寒抗冻工作》的意识和常识，使其规范管道井井口密封防风施工，加强管道井及楼层间的管道井观察门的监督管理，以保障超低温天气下供水设施的安全。

案例七：曲靖市供排水总公司案例

2016 年 1 月，受强冷空气影响，曲靖市出现了较为严重的凌冻天气，为全力以赴做好应对此次凌冻天气相关工作，曲靖市供排水总公司提前安排部署，制定了相应的应急抢险救援措施，成立了由总经理任组长的应急抢险工作组，采取多措并举，尽快恢复停水区域住户的正常供水。具体做了如下工作。

1 提前做好防护宣传，减小冰冻损失

1 月 21 日上午，总公司针对此次凌冻天气供水设施防冻抢修工作召开了会议，制定了工作计划，对各项工作进行了安排部署。

1 月 21 日至 1 月 22 日，工作人员共发放 20000 份宣传提示，一些老旧小区，工作人员面对面与物管作了宣传提示，协助物管做好防护工作。

因为受灾面积广，涉及的户数多，抢修过程中，一部分市民不能理解我们的工作，造成一定社会舆论压力，对此，我们做了大量工作，接受了曲靖电视台采访，并接受了网站、广播、春城晚报和中国网驻曲靖站记者的采访，在做抢修工作的同时，做好宣传解释工作。

2 维 修 情 况

2.1 对地势较高片区的学校、经济适用房小区，联系消防部门，义务送水 3 次，保证了一部分困难群体的用水需要。

2.2 将麒麟中心城区分为五大片区，22 个维修组，总公司班子成员带领职工加班加点，对问题进行排查梳理，发现一件，处理一件，不留下遗留问题。

2.3 水质监测组对城区 25 个水质监测点定期巡查，加大源水的检测力度，增强老旧小区自来水的检测频率，确保饮用水水质安全。

2.4 此次冰冻灾害造成水表、阀门及管道大面积损坏，总用户为 25573 户，已修复水表、阀门、水管 21000 余处，其中水表更换 14000 余支，闸阀更换 1100 余个（$DN100 \sim DN200$ 的共 5 个），管道抢修 1557 处，高空作业 300 余处。

2.5 应急抢险期间投入抢险人员每天约 270 人，抢险车辆 25 台每天，造成直接和间接经济损失 1000 余万元（后附费用明细），包括设备成本开销、人员开销、水损等费用。

2.6 此次凌冻天气，虽然住户支付了水表更换的成本费用，但实际造成的经济损失远远超出收取的费用，除收取住户的成本费外，其他费用均由公司自行承担。

3 总 结

在今后工作中，如果遇到类似情况的发生，应做好以下几点：

3.1 制定出全面、完整的应急预案，对所做工作做好宣传及记录。

3.2 防冻知识的宣传，让用户自行采取必要措施进行保暖处理。

3.3 实时观察供水管网压力，对压力不正常的区域实行调压，并排查供水压力不正常原因。

3.4 在项目设计时，既要考虑方便施工安装，便于抄表，又要考虑日后的维护维修，能考虑安装在水表井内的不考虑水表箱，安装在户外水表箱内的水表在遇到低温天气时，由于表箱不是完全密闭，冷空气会持续进入表箱，采用旧衣物包裹可以起到一定的防冻作用，砌筑的水表井比起水表箱密闭性更好，可在表井内填沙保温。室外管道在设计时应结合实际情况选择材质，安装施工时尽量选择埋地敷设，裸露在外的明管应采取包封等保护措施，室外管道选用球墨铸铁管安装，需要使用用钢管安装的，必须做好防腐处理，沿绿化带安装的管道尽量不使用钢管，以免腐蚀，搭接用户或屋顶管道选用 PPR 塑铝复合管或衬塑复合管，以避免日照和温差导致管道内长青苔堵塞管道，户外安装 PPR 管可在外增加黑色或带锡箔纸的保温套管。

附件：调查表（见附表 5-1～附表 5-3）、费用明细表。

调 查 表

附表 5-1

城镇供水 2016 年 1～2 月冰冻灾害基本情况调查表

市（县）：　　　　　　　填表人：　　　　　　　电话：

供水企业：

基本情况			影响供水情况				抢修情况		遗留具体问题描述
设计能力(m³/d)	年供水量(万 m³)	服务人口(万人)	灾前日供水量(m³)	灾后最小日供水量(m³)	影响户数(户)	影响人口(万人)	抢修人员数量(人)	总抢修天数(d)	
200000	3880	55	105000	70000	8000	24000	270	37	

附表 5-2

城镇供水 2016 年 1～2 月冰冻灾害灾损情况调查表

水表损毁情况			管道故障情况											闸阀等其他设施毁损情况			
查明损毁但影响供水数量(个)	表观正常但影响供水量数量(个)	合计水表经济损失(万元)	原水管(m)		供水主管(m)		支管(m)		入户管(m)		墙立管(个)		合计管道经济损失(万元)	设施类型	设施数量(个)	及数量(个)	合计其他设施经济损失(万元)
			毁损	冻结	毁损	冻结	冻结	毁损	冻结	毁损	毁损	冻结					

附表 5-3

城镇供水 2016 年 1～2 月冰冻灾害措施情况调查表

设计建设		施工管理		运行维护		水表选型		管材类型		供水企业应急措施					政府应急措施			有关建议
经验	教训	经验	教训	经验	教训	易冻水表类型	抗冻水表类型	易裂易爆管材	抗冻管材	原水	水厂	管网	水表	其他情况	应急总措施	行政措施	其他情况	

费 用 明 细

1. 智能水表：400 元/支×5000 支＝200 万元。

2. 普通水表：120 元/支×9000 支＝108 万元。

3. 闸阀：4.4 万元。

4. 人工费 4300×300＝129 万元。

5. 宣传费用：20 万元。

6. 管道费用：77.85 万元。

7. 加班费用：20 万元。

8. 餐费：20 万元。

9. 车辆使用费用：200×800＝16 万元。

10. 水损费用：3.5×1000000＝350 万元。

合计：925.25 万元。

附录六：

水表新技术、新材料专题研究报告

报告一：绍兴地区高层住宅防冻保暖相关资料

1 防冻材料、产品选型测试情况

1.1 水　表

经过调研，最终选择宁波东海水表厂生产的三种不同类型水表作为本次防冻材料及产品选型测试对象，分别为：铁壳＋尼龙玻璃（旋翼式）、塑壳＋尼龙玻璃（旋翼式）、塑壳＋无玻璃（容积式）。

为对比验证防冻性能，自行组织开展冰冻实验模拟测试，在 −15℃ 左右连续 10h 以上的模拟环境下，进行三种类型水表冰冻破坏性试验。经过 10 多个批次，累计样品超 200 只，最后得出测试结论为：铁壳＋尼龙玻璃（旋翼式水表）抗冻性能最佳，表玻璃均未发生冰破现象，机芯表面指针未脱落，从外观看未出现明显异常，冰冻后其计量检定合格率为 100％。

综合比较各项性能参数、价格成本及防冻性能，铁壳＋尼龙玻璃（旋翼式水表）性价比最高。主要是对水表的表玻璃进行改进，由原先的钢化玻璃调整为增强尼龙，具有较好的耐低温、抗冻裂性能。相比原先普通水表（铁壳＋钢化玻璃）使用成本增加，属于三种类型水表中价格最低、性价比最高的一种，可以优先选用。

1.2 管　道

经过调研，最终选择两种不同类型管道作为本次防冻材料选型测试对象，分别为：水贸生产的不锈钢复合管、市场上优质 PE 管。

为对比验证防冻性能，自行组织开展冰冻实验模拟测试，在 −15℃ 左右的模拟环境下，进行管道防冻效果试验，经过一段时间对比分析，总体结果基本一致。测试结论为：在无任何保温措施情况下，DN20 的不锈钢复合管 4h 之后全部结冰。DN20 的 PE 管 5h 之后全部结冰，抗冰冻性能差别不大。

综合比较各项性能参数、价格成本及防冻性能，一般情况优先选用不锈钢复合管，在一些局部改造地方也可以选用优质 PE 管。

1.3 保温套管

经过调研，最终选择两种不同工艺的保温套管作为本次保温材料选型测试对象，分别为：橡塑保温管、橡塑保温管外加 UPVC 套管。

为对比验证防冻性能，自行组织开展冰冻实验模拟测试，在 $-15℃$ 左右的模拟环境下，进行保温套管防冻效果试验，经过一段时间对比分析，总体结果基本一致。测试结论为：第一种为 DN20 不锈钢复合管，在外层采用橡塑保温管措施以后 8h 之后全部结冰，在外层采用橡塑保温管加 UPVC 套管以后 10h 左右全部结冰。第二种为 DN20 的 PE 管，在外层采用橡塑保温管措施以后 9h 之后全部结冰，在外层采用橡塑保温管加 UPVC 套管以后 11h 左右全部结冰。

综合比较各项性能参数、价格成本及防冻性能，由于 UPVC 套管属于专利产品，厂家单一，价格过高，所以一般情况采用橡塑保温管进行管道保暖即可，特殊情况下可以适量选用橡塑保温管外加 UPVC 套管。

综上分析，从防冻保温材料及产品的经济性、工艺的有效性和安全性以及管理的统一性角度考虑，以上方案是可行的，实现从立管、墙体表箱、水表、飞管一体化防冻措施，以从源头上来提高防冻效果。

2 有效构建三项保障

2.1 制定一个防冻保暖技术标准

根据调研测试结果，结合绍兴实际，制定出台了《供水设施防冻保暖技术要求》，对新建、改建和扩建的高层住宅供水设施防冻保暖设计技术要求以及具体施工措施进行了详细的规定，以从源头上提高管道整体抗冻性能。

2.2 建设一套应急预警处置系统

建设开发抗冰冻应急指挥系统，方便应急任务分区处置管理。同时，持续完善水务热线呼叫系统业务分类统计、工单派单、用户查询等功能，为抗冰冻各项工作开展提供技术支撑。另外，在智慧管网系统中开发建设供水设施冰冻温感实时监测模块，同气象局气温数据业务共享联动，实现设施冰冻实时预警。

2.3 修编一个抗冰冻应急预案

一是组织完成公司《抗冰冻应急预案》的制定、评审。明确冰冻灾害天气等级划分和预警标准，落实组织机构及责任主体，规定信息传递及应急处置流程、主要应对措施等。

二是配套制定《极端严寒天气下阶段性停水关阀实施方案》。

对象确定：落实专人对年初大冰冻涉及所有供水设施对象进行全面梳理、统计分析，主要涉及水表、管道等主要供水设施。根据普查梳理结果，进行分类统计，查找共性与个性原因，并予以建账归档。同时，针对去年冰冻最严重且水表冰破比例大于50%的31个已建并接收的高层住宅小区，逐一制定极端严寒天气下阶段性停水关阀实施方案。

方案拟定：根据上述小区对象的地理位置、管道拓扑结构等现场实际情况，做好一点一方案编制，重点明确小区进水口总阀门、排放口、消防栓、临时取水口等位置和编号，落实责任人，明确操作要求，确保方案启动后信息发布、现场操作、用户服务等各项工作顺利开展（关阀方案见附件）。

启动时机：一方面依据气象局发布的气象信息，当最低温度低于-6℃、风力大于5级的情况下，需要做好关阀实施方案启动准备（预启动、预报告和用户的停水预通告）；另一方面主要依据智慧管网系统中典型小区环境温度、管道水温的实时监测数据，并结合现场管道、水表等实际冰冻情况，当最低温度低于－6℃、管道水温低于0℃以及现场管道、水表出现局部结冰现象时，决定启动关阀实施放空方案，一般关阀停水时间控制在晚上10：00开始，在次日早上5：30开阀、管道水质排放、通水。

附件：

极端严寒天气下阶段性停水关阀实施方案

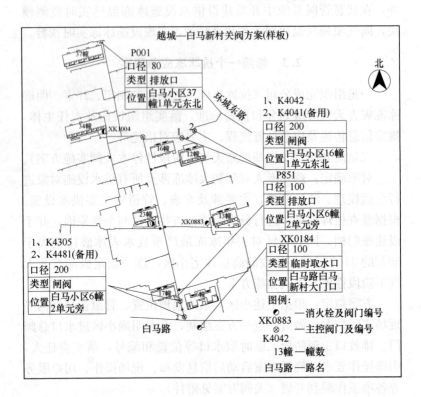

越城—白马新村关阀方案(样板)

小区基本信息					小区附属信息			
片区	时间				开始		结束	
小区名称					临时取水点	现有		新增
地理位置					消火栓个数			
用户数量		幢	单元	户	进水阀门			
社区		电话			排放口			
片区责任人		电话			所需工具			
现场操作人		电话			交通工具			

关阀操作说明	开阀操作说明
1. 关阀：第一步关闭白马路进水阀 K4305，确定水表停走后即可（如 K4305 关不严可超关至备用阀门 K4481）；第二步关闭环城东路进水阀门 K4041，确定水表停走后即可（如 K4041 关不严可超关至备用阀门 K4042）	1. 开阀：第一步开启白马路进水阀门 K4305 进行进水；第二步开启环城东路进水阀门 K4042（原先关闭的阀门应全部打开）
2. 泄水：开启 P821、P001 进行泄水	2. 排放：第一步打开 13 幢、34 幢楼下消火栓进行排气待排气完成后关闭消火栓，第二步开启排放口 P001、P851 进行水质排放，合格后关闭
3. 检查：待排放口无水后，打开 13 幢、34 幢楼下消火栓检查出水。并在这两栋一楼用户处检查用户水龙头出水	3. 跟踪：待排放完毕后，对 13 幢、34 幢顶楼用户进行水质跟踪，确保用水正常
4. 关排放口：确保小区立管、支路管、主干管都泄水干净后关闭排放口	4. 检漏：冰冻结束后由分公司统一安排对该小区进行听漏

备注：在关阀、开阀过程中遇到阀门、排放口操作不了等特殊情况请第一时间联
　　　系水司调度中心（电话 85116644、666185）

报告二：康定市恶劣气候下厚膜水表使用情况

用户所在地：四川省甘孜州康定市

用户名称：康定给排水有限责任公司

数量：2014 年 12 月至今，数量 2077 只

型号：DN20 厚膜直读远传水表，立式、水平均有

使用情况：2015 年底至 2016 年春，因为恶劣的极端天气，造成冻坏水表 121 只；表现在由于表内结冰，体积膨胀导致水表玻璃罩隆起、变形。水表自然解冻后，其中 10 只使用不锈钢中罩的水表出现部分中罩断裂，渗水情况。使用铜中罩水表未出现开裂，其余冻坏水表自然解冻后未出现漏水情况。所有冻坏水表中表体无开裂现象

冻坏水表大部分集中在一个小区内，该小区入住率低，物管管理不善，冻坏水表多出现无人入住、水表井门未关严，自然风直接吹进表箱，造成水表结冰。

其余未冻坏水表经过自来水公司检查，部分出现结冰水表自然解冻后能够正常计量和使用。

防护措施：康定给水排水有限公司通过多种渠道宣传，发动小区业主自己用毛巾或旧衣服包裹水表，并做好水表箱或井的密封（防风）工作，截至目前，已取得比较好的效果。

报告三：低温状态下给水管网设备抗低温性能研究实验报告

1 实验背景和目的

2016年1月15日至2016年2月2日的世纪寒潮导致南方大面积遭受雨雪冰冻灾害天气，由于缺乏足够的应对经验和有效的技术支撑，城镇给水输配系统受到了严重破坏。为提高供水企业应对雨雪冰冻灾害天气的能力，增强防范和处置工作的科学性和有效性，我们以建筑给水立管、水表等薄弱环节为重点研究对象，设计实验，系统研究它们的抗低温性能，为将来的防范和应对工作提供参考依据。

综合考虑南方地区的历史低温状况及本次寒潮的低温特性，本次实验设置0℃、−5℃、−10℃三种低温条件，选取具有代表性的不同种类给水管道和水表，研究分析不同条件下给水管道冻裂和水表冻损过程，寻求给水管道、水表等设备和材料在设计、制造、安装等环节的合理抗低温性能或是防寒措施，以确保供水安全。

2 实验步骤和方法

研究过程分为以下三阶段。

2.1 探 索 实 验

为了探索立管冻裂和水表冻损的影响因素及相应程度，我们根据附表6-1中列出的实验变量和种类，采用控制变量法，在冷库中进行了48组内衬塑镀锌管、48组PPR管、192组不锈钢管的立管低温测试和24块干式水表以及24块湿式水表的水表低温测试（附图 6-1）。

探索阶段的实验对象、实验变量及相应种类　　　附表 6-1

实验对象	实验变量	种类
立管	管材	衬塑镀锌管/PPR 管/不锈钢
	管径	DN50/DN40
	长度	2m/4m
	保温棉厚度	0/25mm/40mm
	管道连接方式	单卡压/双卡压/环压/焊接
	环境温度	0℃、−5℃、−10℃
	水流状况	流动/满管静止
	受风状况	有风/无风
湿式瑞光机械表 湿式华旭远传表 干式华旭远传表 干式苏州远传表	保温棉厚度	0/25mm/40mm
	环境温度	0℃、−5℃、−10℃、−15℃
	受风状况	有风/无风
	水流状况	流动/满管静止

附图 6-1　探索阶段实验现场

2.2　验证实验

　　为了在探索实验的基础上进一步模拟实际状况，我们在这一阶段采用了可以保证恒温（−80−40℃）的华碧实验箱。在探索阶段实验中，我们发现管径、管长、受风情况对立管冻裂和水表冻损没有影响，当管道内水流状态为流动时，所有测试立管均未出现漏水及爆裂现象，所有水表均未出现结冰及玻璃表盘爆裂现象。因此我们调整了实验变量，根据附表 6-2 采用控制变量法，进行了 12 组内衬塑镀锌管、12 组 PPR 管、24 组不锈钢管的立管低温测试和 12 块干式水表以及 6 块湿式水表的水表低温测试。同时，增加了从在 2016 年寒潮中立管出现成片爆裂的小区拆除的旧管道（由于该区域拆除的管道中无不锈钢管道且市面上很难寻找到不锈钢旧管道，因此此次不锈钢管道不作旧管道实验），重点考察不同情况下不同管材的新旧立管内水温下降至 0℃ 的趋势及时间。

另外，本阶段的实验中还选取了：①10 块正在使用中的居民水表，这部分水表均是在寒潮前不久进行更换安装的（截至目前已用水量在 150~250m³），且寒潮过程中并未损坏一直正常使用；②6 块超期换表的居民水表；③东海提供两块耐低温湿式水表、竞达提供两块耐低温干式水表，进行计量精度检测（附图 6-2）。

验证阶段的实验对象、实验变量和相应种类　　附表 6-2

实验对象	实验变量	种类
立管	管材	衬塑镀锌管/PPR 管/不锈钢
	管径	DN40
	长度	3m
	保温棉厚度	0/25mm / 40mm
	管道连接方式	单卡压/双卡压/环压/焊接
	环境温度	0℃、−5℃、−10℃
	水流状况	满管静止
湿式瑞光机械表 湿式华旭远传表 干式华旭远传表 干式苏州远传表	保温棉厚度	0/25mm/40mm
	环境温度	0℃、−5℃、−10℃、−15℃
	水流状况	满管静止

附图 6-2　验证阶段实验现场

2.3　补 充 实 验

为了一步研究给水管网计量设备在低温状态下的变化，我们根据附表 6-3 采用控制变量法，比较了不同条件下仪表计量的准确性。

补充实验的实验对象、实验变量和相应种类　　附表 6-3

实验对象	实验变量	种类
电磁流量计、电磁水表、抗冻水表	品牌	科隆、西门子、东海
	规格	$DN15$、$DN20$、$DN25$、$DN40$
	实验温度	$-5℃$、$-10℃$、$-15℃$
	保温棉厚度	0/25mm/40mm
	流速	$2m^3/h$、$1m^3/h$

3　实 验 结 果

3.1　探索阶段

这一阶段立管的低温测试结果见附表 6-4；水表的低温测试结果见附表 6-5。

3.2　验 证 阶 段

这一阶段立管的低温测试结果见附表 6-6。

不同条件下不同管材的立管的低温测试结果

管材	管径	长度	水流	保温棉厚度(mm)	连接方式	环境温度(℃)	进水温度(℃)	立管温度(℃)	环境温度0℃实验6小时	环境温度-5℃实验6小时	环境温度-10℃实验6小时	环境温度-15℃实验6小时	实验终止时该环境下温度下已测试时间	情况说明
内衬塑镀锌管	DN40/50	2/4	满管	0	丝扣连接	-9.2	1.9	-4.4	√	√	×	×	5.75	管道弯头处爆裂、且油拧温度下处有水渗漏
			流动	25/40		实验直至完成在-15℃环境温度下测试6小时管道内水流未结冰，除后锯开管道内水流未结冰								将测试管道拆
			满管			实验直至完成在-15℃环境温度下测试6小时管道内水流未结冰，除后锯开管道内水流已结冰								将测试管道拆
PPR管	DN40/50	2/4	流动	0/25/40	常规连接	实验直至完成在-15℃环境温度下测试6小时管道漏水及爆裂现象，除后锯开管道漏水及爆裂现象								将测试管道拆
			满管	40		实验直至完成在-15℃环境温度下测试6小时管道漏水及爆裂现象，除后锯开管道漏水及爆裂现象								将测试管道拆
不锈钢管	DN40/50	2/4	满管	0	焊接/环压	实验直至完成在-15℃环境温度下测试6小时管道漏水及爆裂现象，除后锯开管道漏水及爆裂现象								将测试管道拆
					单卡压/双卡压	实验直至完成在-15℃环境温度下测试6小时管道漏水及爆裂现象，除后锯开管道漏水及爆裂现象								将测试管道拆
				25/40	单卡压/双卡压/焊接/环压	实验直至完成在-15℃环境温度下测试6小时发现卡环轻微"脱涨"分离，将测试管道拆除后锯开管道开裂								实验完成拆卸
			满管	0/25/40	单卡压/双卡压/焊接/环压	验直至完成在-15℃环境温度下测试6小时候均未出现管道漏水及爆裂现象，除后锯开管道内水流已结冰								将测试管道拆
			流动	40	单卡压/双卡压/焊接/环压	实验直至完成在-15℃环境温度下测试6小时候均未出现管道漏水及爆裂现象，除后锯开管道内水流已结冰								将测试管道拆

不同条件下不同种类的水表的低温测试结果

附表 6-5

水表种类	水流	保温棉厚度(mm)	环境温度(℃)	进水温度(℃)	立管温度(℃)	环境温度0℃实验6小时	环境温度-5℃实验6小时	环境温度-10℃实验6小时	环境温度-15℃实验6小时	实验终止时间 环境温度下已测试时间	情况说明
湿式瑞光机械表	满管	0	-5	2	-3.55	√	×	×	×	4	水表玻璃表盘爆裂
		25	-10	2.5	-6.35	√	√	×	×	1.5	水表玻璃表盘爆裂
		40	-12.5	1.5	-6.78	√	√	√			水表玻璃表盘未爆裂，实验完成后拆卸发现表盘内已结冰
	流动	0/25/40				实验直至完成在-15℃环境温度下测试6小时后均未出现结冰及玻璃表盘爆裂现象					
湿式华旭远传表	满管	0	-6.3	1.4	-4.87	√	×	×	×	3.5	水表玻璃表盘爆裂
		25	-12.8	1.6	-6.99	√	√	×	×	3	水表玻璃表盘爆裂
		40	-15	1.7	-6.91	√	√	√	√		水表玻璃表盘未爆裂，实验完成后拆卸成后发现表盘内已结冰
	流动	0/25/40				实验直至完成在-15℃环境温度下测试6小时后均未出现结冰及玻璃表盘爆裂现象					
干式华旭远传表/干式苏州远传表	满管/流动	0/25/40				实验直至完成在-15℃环境温度下测试6小时后均未出现结冰及玻璃表盘爆裂现象					

不同条件下不同管材的新旧立管内水温降至 0℃ 的时间

管材	保温棉厚度 (mm)	0		25		40	
	环境温度 (℃)	−5	−10	−5	−10	−5	−10
		立管内水温降至 0℃ 时间 (h)					
内衬塑镀锌管 (新)		3	1.5	11.5	6	17.5	11
PPR管 (新)		2.5	1.75	5	4	11	7.5
不锈钢管 (单卡压)(新)		2.5	1.5	12.75	7	18	10
不锈钢管 (双卡压)(新)		2.5	2	12.75	7	14	9.25
不锈钢管 (焊接)(新)		2.5	2	7.75	7	18	9.25
不锈钢管 (环压)(新)		2.3	2	9.75	7	14	9.25
内衬塑镀锌管 (旧)		2.75	2	14.75	9.5	21	11.5
PPR管 (旧)		2.5	1.5	6	5.5	9	6.5

在不同条件的低温测试中，干式水表玻璃表盘均未发生破裂，湿式水表除在−5℃环境下包裹40mm保温棉玻璃表盘未破裂，其余所有湿式水表玻璃表盘全部发生破裂。

对所有未破裂的水表进行计量精度检测，环境温度为−5℃下包裹40mm保温棉的湿式瑞光表，虽然玻璃表盘未破裂，但是最小流量的误差已远远超过误差允许范围。这块水表虽然从外观看来可正常使用，但在实际使用中将会产生水表计量少于实际用水量。所有干式水表无论品牌，经检定计量精度都未受到影响。由于此次试验每块水表只进行了24小时连续实验，并未像现实情况中经受长期的温度变化，因此干式水表在非极端恶劣低温环境下都应该可以抵抗住了考验并精确计量。

此次冷冻实验东海提供两块耐低温湿式水表和达提供两块耐低温干式水表，在−5℃环境及−10℃环境下连续测试24小时，水表玻璃表盘并未发生爆裂。经检定计量精度都未受到影响。

10块在居民家中正在使用的水表计量均合格，未见寒潮对水表造成计量精度的影响。

6块超期换表的水表中有4块水表计量不合格，2块水表计量高于实际用水量，2块水表计量低于实际用水量（附图6-3）。

附图6-3　传统水表与耐低温水表对比

3.3　补　充　阶　段

在这一阶段，经过不同条件的低温测试，发现在−5℃、

−10℃、−15℃的环境温度下电磁流量计、电磁水表和抗冻水表即使在裸露状态下、当管道内水流速降低至 $1m^3/h$ 时进行 24 小时低温测试后送检，流量计计量仍然是准确的，且不同的口径和品牌对实验结果无明显影响。

4 实 验 结 论

4.1 立 管

4.1.1 从管道材质分析：PPR 管及不锈钢管的抗冻性能优于内衬塑镀锌管。PPR 材质在物理特性上具有弹性及延展性强的优点，不锈钢管在物理特性上具有耐磨抗压的优点。建议在受冻风险较高的区域可优先使用此两类管材，同时可综合考虑现场实际需求和管道特性及成本等因素，使管道材质选择达到最优化。

4.1.2 从水流状态分析：144 组在流动状态下测试的立管均未出现管道漏水及爆裂现象，且将测试管道拆除后并锯开发现管道内未结冰；2 组内衬塑镀锌管漏水、爆裂及 8 组"脱涨"分离的不锈钢管均是在满管静止状态下进行测试的，且将 144 组满管静止状态下测试管道拆除后并锯开发现管道内已结冰。从此可得出，保证流动状态可大大增加立管在面对寒潮时的抗冻能力。

4.1.3 从爆裂或漏水位置分析：此次实验发现使用范围最广、数量最多的内衬塑镀锌钢管爆裂或漏水均发生在弯头及油拧处，因此后续在建设、安装立管以及保温设施的维护管理时，需对弯头及油拧重点部位加强安装规范。

4.1.4 从不锈钢管连接方式分析：此次实验发现不锈钢管出现"脱涨"分离的 8 组管道连接方式为单卡压（4 组）和双卡压（4 组），而连接方式为焊接及环压的不锈钢管均未出现"脱涨"分离。因此后续在建设及安装不锈钢管时，需根据实际情况优先选择焊接及环压这两种连接方式。

4.1.5 从保温棉厚度分析：2 组内衬塑镀锌管漏水、爆裂及 8

组"脱涨"分离的不锈钢管均是在裸露状态下进行测试的,同等条件加装 25mm 厚保温棉与 40mm 厚保温棉后测试并未出现上述情况,因此后续在寒潮来临前对立管进行普查时,可按照实际情况选择包裹 25mm 或 40mm 厚保温棉。

4.1.6 从管道降温时间分析:

(1) 表面看来,内衬塑镀锌管(旧管道)对立管内水流保温效果最好,但旧管道内结垢厚度及密度情况复杂,结垢物非金属材质会对导温性产生影响。除去内衬塑镀锌管(旧管道),不锈钢管(连接方式不限制)内水温降至 0℃ 所需的时间最长。因此,不锈钢管道对立管内水温保温效果最好,连接方式对其几乎无影响。

(2) 包裹保温棉厚度越厚对立管内水温保温效果越好。

(3) 相同材质同一种厚度保温棉、新旧不同的立管内水温降至 0℃ 时间无明显规律。

4.2 水 表

4.2.1 从水表品牌分析:不同品牌的水表之间耐低温性能无明显差异。

4.2.2 从水表类型分析:发生不同程度的玻璃表盘爆裂或表盘内结冰的 12 块水表均为湿式水表,24 块干式水表直至在 −15℃ 环境温度下测试结束均未出现玻璃表盘爆裂或结冰现象,因此,干式水表较湿式水表耐低温性能更优。

4.2.3 从水流状态分析:24 块在流动状态下测试的水表均未出现玻璃表盘爆裂或结冰现象;6 块湿式瑞光机械表和 6 块湿式华旭远传表玻璃表盘爆裂或结冰均是在满管静止状态下进行测试的。因此,保证流动状态可大大增加水表在面对寒潮时的抗冻能力。

4.2.4 从保温棉厚度分析:2 块湿式瑞光机械表及 2 块湿式华旭远传表在裸露状态下进行测试时在 −5℃ 环境温度下出现玻璃表盘爆裂或结冰现象,2 块湿式瑞光机械表及 2 块湿式华旭远传表包裹 25mm 厚保温棉进行测试时在−10℃环境温度下出现玻璃表盘爆裂或结冰现象，2块湿式瑞光机械表及2块湿式华旭远传表包裹 40mm 厚保温棉进行测试时在−15℃环境温度下出现玻璃表盘爆裂或结冰现象，因此，可按照实际情况选择包裹25mm 或 40mm 厚保温棉。

4.2.5 从计量精度分析：

（1）低温测试后即使外观看来可正常使用的湿式水表仍存在计量精度不准的可能。因此建议对寒潮期间受冻严重小区的未损坏湿式水表进行校验，校验后计量不合格的湿式水表进行更换。

（2）在−5℃、−10℃、−15℃的环境温度下电磁水表和抗冻水表即使在裸露状态下、管道内水流速降低至 $1m^3/h$ 时进行24小时低温测试后，计量仍然是准确的。